内心强大
是一种怎样的体验

[美] 帕特里夏·沃尔什（Patricia Walsh）◎著

杨阳◎译

**Blind
Ambition**
How to Envision
Your Limitless Potential
and Achieve the Success
You Want

中国人民大学出版社
·北京·

献给珍妮·帕特里夏·曼森（Janet Patricia Munson），在当了 20 年家庭主妇之后重新开始了她的职业生涯，她向我证明了追求自己崇高理想的最好时机就在当下。

赞　誉

　　帕特里夏·沃尔什在激励他人前行的道路上始终坚持不懈地提高个人能力和专业知识。她可以帮助你学习战胜日常挑战所需要的一切，她能指导你如何为了实现自己的目标而成为最好的自己。如果你已经准备好要进入生活的新篇章，就阅读这本书吧！

——默泽多（Mozido）解决方案管理副董事长，

杰里米·迪奥佐（Jeremy Drzal）

　　帕特里夏·沃尔什是一位变革型领导者。她独特的视角和来之不易的经验能够让人备受鼓舞。那些想要成为优秀领导者的人应该阅读这本书，或者简单一些来说，想要使自己变得更好的人都应该阅读这本书。

——西雅图大学公共服务学院，

迈克尔·比斯塞（Michael Bisesi）教授

　　世界上很少有人能够为人们提供精神动力和正确的道路指引，但帕特里夏可以做到这些。无论你的目标是什么或者你想要成为怎样的领导者，本书将会提供你所需要的任何东西，帮助你实现自己的最终梦想。

——查芬学院创始人，

艾利克斯·查芬（Alex Charfen）和凯里·查芬（Cadey Charfen）

在《内心强大是一种怎样的体验》一书中，帕特里夏·沃尔什与我们分享了她的故事，并利用她独特的经验、智慧和个性向读者展示了，如果你制定一个行动计划，心怀积极向上且乐观进取的态度，那么所有目标都是可以被实现的。她的故事能够真正地激发你的潜力，她的行动计划将会使你——无论身处何种环境——拥有鼓励自己去追求自己的目标的能力。

——特里多铁人三项赛教练，铁人三项赛专业运动员，

娜塔莎·范·德·米卫（Natasha Van Der Merwe）

译者序

成功包含着两层意思：第一层意思是预想或设定一个需要经过努力才可以实现的目标，第二层意思则是努力地实现这个目标，并获得预期结果。我们可以将这两个步骤——设定目标和实现目标——视为取得成功的"必经之路"，但就是这看似简单的两个步骤却让很多人感受到了失败的痛苦。失败可能会在任何时间、任何地点，以任何方式出现在我们通往成功的道路上，我们会因为它而感到沮丧、受到打击，甚至会一蹶不振，但是最终由成功带来的，无论是物质上还是精神上的满足，都将推动着其中一部分人竭尽全力地战胜困难并取得成功。然而，对于另外一部分被失败笼罩着的无法实现突破的人们而言，借鉴他人成功的经验，吸取他人失败的教训，以及从他人的经验与教训中探寻出一条适合自己的成功方法，便显得尤为重要了。本书作者从自己独特的人生经验出发，结合自己的故事详细地阐述了一系列战胜失败取得成功的方法，希望会对你起到帮助作用。

本书作者帕特里夏·沃尔什是一位曾经在失败和挫折面前感到手足无措，对自己的人生感到迷茫和彷徨的盲人。失明带给她的不仅仅是视觉上的黑暗，而且她的人生也因此失去了光彩。但是，在经历了一段黑暗、颓废和自我放弃的生活后，帕特里夏从跑步中重拾对未来的信心和希望。在我看来，跑步为帕特里夏带来的是一个目标，一个对于当时的她而言最为迫切需要的、想要跑得更远的目标。她凭借着自己对目标的坚持和对美好生活的憧憬，成功地实现了为自己设定的一个又一个目标，而她的人生也随之变得更加开阔且充满着无限可能。帕特里夏开始像其他视力正常的人一样进入大学学习、接受工作上的挑战，以及开创自己的事业。现在的帕特里夏不仅是一名优秀的铁人三项运动员，而且还是一名优秀的演说家，她希望利用自己积累多年的经验与教训帮助更多人重拾信心并取得成功。

在《内心强大是一种怎样的体验》这本书中，帕特里夏·沃尔什从自己的真实经历出发，以讲故事的方式让读者看到一位拥有着独特的经验、智慧和勇气的盲人，如何突破自己在生理和心理上的极限从而培养出积极向上的人生态度，如何最大限度地开发潜能来完成那些看似无法完成的任务，以及如何转败为胜使自己的人生充满着无限可能。在帕特里夏看来，取得成功是一个循序渐进的过程，首先要知道为什么要取得成功和想要取得哪些成功，即明确自己的目标是什么；其次要知道如何才能够取得成功，即开发自身潜能并掌握取得成功的正确方法；最后要知道取得成功所必备的个人特质是什么和如何培养并保持这些特质，即通过培养韧性、增强意志力并建立起良好的习惯来获得更多、更大的成功。

或许你会认为这是一本人物传记，因为本书作者以自己的真实故事为背景，希望借助自己的亲身经历让这些方法变得更加生动和具体，读者也就能够更好地理解并运用这些方法；或许你会认为这是一本励志书，因为作者希望通过本书来帮助那些在失败中停滞不前的人以及对成功充满渴望的人获得一个成功的人生。但是，我却认为这是一本工具书，类似于上学时使用的词典。作者在本书中一共提炼出九个成功方法（分别在本书的第二章至第十章提及），并且这九个方法是按照非常明确的顺序排列起来的，首先是确定并设定正确的目标，其次是突破极限坚持目标，最后是培养成功特质从而取得更多、更大的成功。本书作者希望通过这个三个非常明确的步骤，引导着读者一步一步地走向成功。成功无捷径，本书的所有方法都是需要读者通过长期坚持和精神磨炼才可以实现的。而且，这九个方法是紧密连接、相辅相成的，只有你掌握了第一个方法，才能够保障将第二个方法的效应发挥到最大。

最后，我希望占用一点篇幅，感谢那些在我翻译这本书的过程中给予过我大力支持和帮助的人们。我想要感谢人民大学出版社的曹沁颖老师给予我翻译这本书的机会，这对我来说不仅仅是一次难能可贵的经验，更让我有机会身临其境地去感受作者独特的人格魅力和经验，我相信这段经历对我日后的工作和生活都将意义非凡。此外，我还想要感谢在翻译过程中为我提供帮助和支持的家人——我的母亲魏淑梅女士和我的父亲杨广臣先生。此外，由于本人每天只能利用工作后的有限时间进行翻译，虽已努力呈现作者希望传递给读者的内容，书中仍难免存在些许偏差，希望读者谅解。

杨　阳

序

根据我的经验，人们往往认为盲人和有能力的人是两个相互排斥的概念。我活着就是为了反驳这一观点。我活着是为了成为一个超越期望的人，同时也是为了成为一个能够去掉"我是盲人"这个标签的人。我不"擅长"做盲女孩儿"应该"做的事情；而是"擅长"按正常人的标准做事情。我愿意更努力地工作，培养重要的技能，并尽一切可能为激发自己的全部潜力而活。

当人们第一次见到我的时候，他们经常会问我，我可以看得见为什么还要携带一只白色的盲人手杖。如果有人在街道、商店或办公室偶然遇到我，他可能会认为我像其他任何人一样是可以看见东西的。我所有的行为都会让他人坚信我不是一个盲人。我不会像其他盲人那样来回晃动，也不会因为张开双臂而不慎碰撞到东西，更不会使用任何导盲工具。实际上，我没有任何一条人们认为盲人应该具有的特征。

真实的情况是，我之所以携带着一只白色手杖是因为我看不见，我是一个盲人，并且当人们意识到这点之后都会感到非常惊讶。他们为什么会感到惊讶呢？因为我充满自信、肢体协调并且沉着冷静。

在 1994 年，我几乎失明了。我看不见手臂一端的手掌。即使是每天都生活在我身边的人，也很难察觉到我微弱的视力。我只能通过"6 度管状视野"看到光、黑暗和运动中的事物。如果你在我周围移动，我很有可能会看到你；但是，如果你在我周围站着不动，那么，我就肯定看不到你了（这就是我不喜欢吊兰这类植物的原因）。并且，虽然我能够感知到灯是否亮着，却无法分辨出灯光的来源、亮度以及颜色，仅仅只能感觉到灯是开着还是关着而已。

失明确实为我实现自己的目标带来了更大的挑战，但是我从未因为失明而停下脚步。我希望成为一名克服自我怀疑的榜样，而自我怀疑是一个很多人都经历过的普遍问题。同时，为了激发潜力，我还希望成为一名能够战胜习得性无助的榜样。最重要的是，我希望成为一名真正有能力实现自己目标的榜样，尽管许多情况都可能阻挡我们前进的道路，但是，当我们成为最真实的自己时，就会产生这种榜样力量，它能指引我们实现自己的目标。

当失明成为我生命中的一部分时，我从未被它限制住，并且它也绝不可能阻止我实现自己的目标。但是，我并不否认，我的人生道路因此而充满挑战。

1986 年，当我只有 5 岁的时候，我被诊断出患有小儿脑瘤。手术虽然成功摘除了我的肿瘤，却也让我失去了 75％ 的视力。手术过后，我的一只眼睛完全失明，而另一只眼睛仅剩下一半的视力。由于挥之不去的手术并发症，在 14 岁那年，我仅剩下的 1/4 视力也几乎全部丧失，从那之后，我仅仅能够通过"6 度管状视野"看到光、黑暗和运动中的事物。

我陷入了深深的沮丧之中，开始变得肥胖并且自暴自弃。但是，我家附近有条小道，我开始每天跑步。当我跑完人生中第一个 1 英里后，令我震惊的是并没有发生任何不好的事情。第一次跑步我一共跑了 8 英里，让我惊讶的是我的腿居然能带我去到那么远的地方。当我第一次参加半程马拉松赛时，我清楚地知道，对于这项运动来说，没有失败者。

学习跑步改变了我的人生。每获得一次成功，我都会看到更加光明的未来。这些年，从在家附近的小路上练习跑步开始，我陆续完成了以下这些事情：取得大学学位，在微软找到一份工作，跑完 12 个全程马拉松比赛，多次取得参加波士顿马拉松的比赛资格，实现了我的终身梦想——两次参加并完成铁人三项的全程比赛，打破了低视力/盲人男女运动员的世界纪录。我是美国残疾人铁人三项赛团队中 3 年以来跑得最快的女运动员，并且我现在是美国及西半球残疾人铁人三项赛的冠军。

我写这本书是为了让你们能够理解并运用书中所提到的方法，这些方法都是我这么多年，通过参加世界顶级的运动赛事以及在全球最成功的软件公司工作而学习到的。这一路走来我经历了很多考验和失败，但是我一直坚持为自己制定更高的目标，并坚持努力地达成这些目标。

我将介绍如何利用独特的"燃料目标、火焰目标和光辉目标"方法为自己制定目标，并且向你们展示如何将这个方法运用到现实的工作、事业和生活中。在这本书中，我将深入探讨每一个能够帮助你们制定最高理想的方法，包括：设定你的极限；成为一名铁人；沿着最短路线前行；抵达终点线之前请不要停下脚步；在自己身上下赌注；激发你的核心价值；成为一名有韧性的人，以及建立意志力和以目标为中心的习惯。我将通过本书与你们分享，我如何将这些方法运用到我的运动员生涯、职业生涯以及个人事业上，同时，我还将分享我的经验教训，这样你们就可以将这些方法运用到自己的工作、事业和生活中。

我希望你们能够享受阅读本书的过程，就像我享受创作本书的过程一样，并且我希望你们的所有梦想都能成真。

目　录

天空才是你的极限，

但是有决心的人会告诉你，

天空之外还有更广阔的空间。

要不断地挑战你的极限。

——道格拉斯·苏巴（Douglas Shumba）

人生最大的成就不在于永不失败，而在于失败后能够重新站起来。

——文斯·隆巴迪（Vince Lombardi）

能否获得成就的一个问题在于是否可以制定出切实可行的目标，但是这又是最难做到的事情，因为你往往不能很清楚地知道你需要什么或不需要什么。

——乔治·卢卡斯（George Lucas）

你要以比其他任何人所期待的更高的标准去承担责任。

——亨利·沃德（Henry Ward）

如果你感兴趣一件事，你会适当地去完成它；如果你下定决心做一件事，你会不惜一切代价地去完成它。

——约翰·亚萨拉夫（John Assaraf）

第一章
我的雄心

只要我还有一丝呼吸，在我看来，我就刚刚开始。

——克里斯·杰米（Criss Jami）

对我而言，我的雄心可以帮助我战胜一切不可避免的挑战。同时，如果我们想要发挥自己全部的潜能，那么这些不可避免的挑战就是我们每一个人都必须面对的。这来源于一个想法：无论你身处何种环境，都可以实现你的雄心壮志。这又是一种领悟，无论那些批评你的人、否定你的人或者消极的人对此有什么看法，你都应该选择拥有一个无拘无束的人生。我的雄心需要我不断地相信自己，并愿意一次又一次地承担风险。

小时候，我读过一个故事，这个故事一直陪伴着我，并且将陪我度过未来的每一天。一个女人为了横渡英吉利海峡训练了很长一段时间——完成这一具有挑战性的壮举是她的目标和梦想。相比成功地攀登珠穆朗玛峰而言，能够成功地横渡英吉利海峡的人更是少之又少！自英国海岸莎士比亚悬崖附近的起点横渡至法国格里内角的终点，这样的横渡平均需要 13 个小时才能完成。横渡海峡的人不但需要准备好应对强烈的气流、海风和海浪——这些会迫使游泳者曲折地横渡海峡，这样就增加了游泳的距离，横渡者会变得更加筋疲力尽——而且还要准备好应对会蜇人的水母、会缠绕腿的海藻丛以及偶尔出现的塑料袋、瓶子或木板。更不用说每天会有大约 600 艘油轮、200 艘渡轮、无数集装箱货轮以及其他船只穿越海峡。

所以，这个女人为了她的梦想努力地训练和准备着。终于，这个重大的日子到来了。她穿上泳衣、戴上泳镜，涂上一层厚厚的油脂来保护自己免受寒冷海水的伤害，然后她开始横渡。但是，尽管经过了数月的准备，她还是在游到 6 公里的时候提前结束了这次横渡——她所完成的长度甚至还不到总长度的 1/3。

但是，她并没有气馁，而是重整旗鼓，投入更长时间进行训练，并进行了第二次尝试。这一次，她游到了 12 英里，但是伴随着沮丧和疲惫，她再一次选择了放弃。

这个女人决定全力以赴，为她征服英吉利海峡的第三次尝试做好准备。为了使自己的身体和精神都达到最佳状态，她比以往任何时候都努力。她确信这将是她的时刻——胜利是属于她的。

这一时刻马上就要到来了。

她在寒冷的海水中游了 20 多英里后，到达了离对岸仅有 400 米的地方。这期间她不但要与可怕的水流和蜇人的水母做斗争，还要巧妙地躲避快速移动的大小船只。

然而，她再次选择了放弃——带着无尽的疲惫和挫折感。

但是，为什么她会选择放弃呢？仅差 400 米她就可以实现自己这么多年以来为之努力的目标。

因为当她接近岸边的时候，浓雾开始笼罩她，这使她失去了方向感——观察不到周围的情况。并且，由于她看不到即将接近的岸边，因而不知道自己离实现目标到底有多近。我相信，如果她有能力看到河对岸，就可以很容易地实现距离她仅有 400 米的目标，这个目标简直唾手可得。被疲劳和疑惑打败后，她选择了放弃，爬上救援船，随后，她便发现原来自己离岸边这么近。到那时她才意识到自己犯了多么令人心痛的错误。

感官的局限性使她迷失了方向，这种局限性可以被称为感观局限

(perceived limitation)。如果她意识到自己离目标如此之近，那么她将毫不犹豫地游完最后 400 米。外部环境不断侵蚀着她对自己能力的信心。当无法看清周围环境时，她面对着一个是否相信自己有能力实现目标的选择。显然，她选择了不相信自己有能力实现这个目标。

我为她感到心痛，因为我知道她一定正在经历着自我突破。想要尽可能多地看到未知的事情，就需要进行合适且专业的训练。当事情压得我透不过气来的时候——当我跑步的时候或者当我执行一个特别困难的项目的时候——我经常会告诉自己，还有 400 米就可以到达河对岸了。从她令人惋惜的故事中我学习到，实现梦想的机会掌握在自己的手中。将精力集中在当前的任务上，准备并练习自己的认知能力，能够帮助你认识到追求对于你来说意味着什么。

当放弃似乎成为唯一的选择时，当我感到筋疲力尽时，当疼痛折磨我的身体时，当周遭的一切都尖叫着让我停止时，这个故事就会浮现在我的脑海中。当我发现自己抓着绳子的末端并且即将要放手的时候，我就会想起这个故事。我知道，虽然我无法看穿那些一直围绕着我的迷雾，但是我的目标就在眼前。我只需要排除疑惑，忽略疼痛和疲劳，保持自己集中精力不断前进，直至我最终实现为自己制定的目标。

事实上，我们都在与盲目对抗。没有人会知道在我们的生活、工作和事业中接下来会发生什么。我们都被某一种迷雾围绕着。在我们越过终点线之前，结果不是清晰的，胜利也不是必然的。我们都在自我怀疑、消极的经历和不完整的信息中不断地挣扎。但是，如果我们想要实现为自己制定的目标，那么就必须忽略那些干扰因素，并且推动自己不断向前，直到完成自己想要实现的目标。

1981 年，我出生在位于美国华盛顿州安吉利斯港的约翰·沃尔什（John Walsh）和琳达·理查森（Linda Richardson）的家中。我的爸爸在院子里停放着一辆旧吉普车，它与《正义先锋》里炫酷的吉普车是同一风格的，我经常摇下车窗，并试图从外面通过车窗跳跃进去。遗憾的是，我从未成功过；事实上，在不断地尝试中我经常伤害到自己。但是，这并没有阻止我一次又一次地尝试。我发现导致我失败的原因是我的身高，所以我借用一个小型的迷你冷却器作为跳板。我从地面跳跃至迷你冷却器上，然后再次起跳，这样就可以确保让自己按照正确的方向跃进敞开窗户的吉普车中。

但是，我失算了，随之而来的是我受到了更多的伤痛。后来，我称这种心甘情愿的坚持为"优雅地失败"。当时，我真的只是喜欢这个想法，跳进一辆车并飞驰而去。但在 1986 年 4 月我的父母离异之后，我经常想要驾车逃离这里。没有任何人的离婚是容易的，而我父母的离婚过程更是格外曲折。我开始了一段辗转寄宿在不同朋友和亲戚家的日子。

在我父母离婚几个月后的一天，当我们乘坐渡轮穿过普吉特海湾时，爸爸和妹妹因为看到一只海豹在我们船边游过而显得异常兴奋——至少，当时他们在试图说服我这是真实发生的事情。我已经习惯了爸爸讲的笑话，所以我并不相信他们。我认为他们并没有看到海豹，他们只是想要一起捉弄我而已。我倔强地与他们争辩着，这里并没有海豹，而且那天我也不想再被他们愚弄。但事实上，当天离我们的渡轮不到 50 米处确实有一只海豹。就在那一刻，我爸爸第一次意识到我的视力有问题。

爸爸为了谨慎起见，带我去看了当地的眼科医生。我想，他认为这是一种可以很快就被治好的病，即使最坏的结果也不过是我要戴着瓶底似的眼镜去上幼儿园。所以，当时我爸爸并没有意识到问题的严重性。

医生的诊断为：我有一只"懒惰"的右眼。他建议在我正常的左眼上戴一个眼罩。这是为了迫使"懒惰"的右眼更加努力工作，以此来弥补被覆盖住的左眼，从而在这个过程中提高右眼的视力。然而，医生没有意识到的是，我的右眼其实根本看不到任何东西，所以当我的左眼被眼罩盖住的时候我就完全失明了。很快我就接受了这个治疗方法，被推入了黑暗而无聊的世界：我开始模仿剧中角色的声音来讲述《忍者神龟》的故事。但是，学习《变形金刚》里不同角色的声音却复杂得多，需要经过更长时间的努力，而我最终仍然只能做到分辨出不同汽车的声音，却无法模仿它们。在这段时间，我发现遮住眼睛反而能让我了解到更多事情。

很快这个医生就意识到眼罩对我是没有任何帮助的，但是他说他能做的也就这么多了。我们寻访了另外一位医生，他向我爸爸解释说，我是为了获得关心而假装视力有问题。安吉利斯港是一个小镇，镇子上所有人都已经知道我父母离婚的消息。所以，这个医生决定扮演一个心理学家的角色，他结合道听途说来的关于我家庭的传闻，认为我的所作所为符合他的诊断结果。我当时是一个半失明的 5 岁小女孩，却被这个医生在检查室里告知，我所做的一切都是为了得到他人关心。

我记得，当时爸爸把我带出了房间，我坐在走廊里，听到他在大声地与医生争吵。很快地，爸爸为我预约了一位西雅图的眼科医生。在一个周二，我没有去幼儿园，爸爸带我前往西雅图。医生用手撑开我的眼睛，使用一种特殊的观察仪来检查我的视觉神经。当他检查我的右眼时，发现视觉神经是灰色的。正常情况下应该是粉红色的。这时，眼科医生立即就意识到，我的右眼已经失明了。经检查发现，我的左眼可以看到东西，但状况并不是很好。

接下来的事情发展很快。在那一周的周四，医生为我安排了一个紧急的核磁共振检查。检查结果显示，我已经是脑肿瘤晚期，肿瘤有高尔夫球般大小，医生立即为我安排了手术。做手术那天，我顺着医院的走廊走进了手术室，一路上医生和护士都在试图安慰和鼓励我。在我的印象中，手术灯的光若隐若现，就像电影中的场景那样，我被许多陌生的面孔包围着。

手术过后，护士们在恢复室慢慢地把我叫醒。手术伤害到了我的脑下垂体，这是一个很小的器官（大概有豌豆那么大）连接下丘脑，并位于其下方。下丘脑的其中一个作用是用来保持体内环境的稳定，即它可以保持例如体温、pH 值、水、电解质等重要体征的平衡。手术伤害对我造成的影响非常明显，例如，即使刚刚喝过水，我也依然会觉得非常口渴。护士们会喂我一些冰片，但是，这并无法减轻我极度口渴的错觉。作为一个 5 岁的小女孩，我根本不明白这些事情。我每天仍然被束缚在病床上，每当护士往我嘴里喂冰片的时候我都会咬她，因为，我觉得这样可以帮助我从挫折中寻求解脱。我是一个生病的、心理受到创伤的，并且会时常感到口渴的小孩——除了动物的本性之外，我心中似乎已没有剩下其他东西。

我左眼的视力大幅度地降低，视野收缩到就像在通过管道看东西一样。我可以清楚地看到这条"狭窄的管道"内的事物，但丝毫看不到周围的事物。只有当一些东西离我非常近或者突然出现在我面前的时候，我才能够看见它们。我可以认出距离我 5 英尺范围内的人，但是，距离一旦再远一些，我眼中的图像就会迅速失焦，并且会变得越来越模糊。我经常会将通过我的管状视野看到的东西与通过纸筒看到的东西进行比较。无论是哪种方法，我能看到的仅仅是另一端的事物，而看不到眼睛两边的事物。这就好像戴着眼罩的马一样。

出院后，我突然特别清楚地认识到我与其他小朋友是不一样的。这为我带来越来越多的困扰，尤其是当有人试图给予我差别对待时。我不喜欢在课堂上被隔离，更讨厌在体育课上被老师安排独自活动。当其他小朋友们开心地玩篮球时，我就只能坐在场边，或者堆叠着石头，或者做一些简单基础的活动。即使在当时那么小的年纪，我也觉得这是一种屈辱。这让我觉得自己是个二等公民，我无比讨厌这种感觉，但这反而激起了我的雄心壮志。

直到 1994 年，我的视力仍然保持在 5 岁时手术过后的水平。然而，在我 13 岁那年，因为一些药物治疗和术后疤痕造成的并发症，使我在一天之内失去了自己仅剩的全部视力。由于受到损害的是神经系统而不是眼睛本身，因此不会造成眼睛外观上的瑕疵。这就是为什么我看起来不像是一个盲人。我的右眼可以正确地追踪到正在说话的人，并且我已经很多次在不同的场合被告知，我右眼"看到"的就是正在说话的人。然而，奇怪的是，我的右眼其实是完全看不到东西的。但是，我的左眼仍然是一只"有自己的想法"并且"想要周游世界"的眼睛。它可以在任何给定的时间看向任何方向，并且，通过这只眼睛我仍可以看到一丝亮光。

在我完全丧失视力之前，已经计划要争取提早从高中毕业——不仅仅是为了尽早进入大学，而且为了摆脱我对家人的怨恨，这股怨恨伴随着我的整个成长过程。我知道进入大学就相当于获得了通往幸福生活的门票，所以我努力地学习。我赢得了州级作文比赛，并且参加了优生数学测试——我所做的所有努力都是想要为自己创建一份优秀的简历，同时，这样也会让我加快进入大学的步伐。如果我的付出能够得到回报，我就可以跳过六年级、七年级和八年级的数学，并且将有可能顺利地在 16 岁高中毕业。

但是，丧失视力之后，我感觉自己好像失去了一切机会。我从班里名列前茅沦落到艰难地阅读着盲文版《镜中的陌生人》。我感觉自己的数学天分已经消耗殆尽，并且我确信我的所有潜力都已经被"熊熊大火"吞噬掉了。而我对自己未来的希望也已经变得暗淡模糊。我无法相信的是，仅凭一些工具和技术就能够帮助我度过人生最艰难的时光。我现在拥有的仅剩因为失去潜力而感到的无限悲伤。当我的同龄人在接受高等教育、进入职场并拥有成功的人生时，我想我注定要永远坐在场边，堆叠着石头度过余生。

在我完全失明之前，我读过理查德·利基（Richard Leakey）写的关于人类起源的书，这让我想要成为一名古人类学家。但是在我失明之后，我不知道自己还能做些什么。盲人学校曾经给我们安排了一天职业日，让我们去观察盲人是如何工作的，然而，让我感到震惊的是，我们在那一天观察的所有盲人都从事着非常平庸的职业。其中，一个女人每天在办公室里工作 2 小时。在这 2 小时里，她接听电话并向接待人员口述信息。她没有真正的工作职责——公司之所以聘用她完全是为了帮助她，并且在公司的细心照料下会让她更加觉得自己是一个有用的人。作为一名 14 岁的少女，我已经可以看到自己的未来将会沦为什么样子——只能为社会做出自认为"伟大的"贡献。这样的前景打击了我在很多层面上的自我认知。

学习盲文很困难，这使我觉得浪费了一天又一天，我沉浸在丧失前程的悲痛中。我陷入了绝望，并且开始尝试用香烟、酒精和毒品来麻痹自己。事实证明，那段时间我确实非常忙碌——我似乎在努力使自己变得无药可救。在我开始相信并接受自己的无可救药之前，受到了来自多方的劝阻。那段时间，我始终坚信自己的努力最终都将会以失败告终，所以在有些情况下，当我决定用我的一生去做一些积极的事情时，我会亲手毁掉自己为之所付出的努力。并且，每一次失败的尝试都让我更加坚信，我确实无法做到那些事情。是我让自己"学习"怎样变得无药可救，并且我在很长一段时间里都维持着这样一种状态。

对任何事情都不抱希望的态度，让我行走在一条破碎的道路上。与此同时，我也在不断地挑战着权威。对我来说，生命已经"结束"了，所以，对于我不愿再去努力尝试的事实，也不需要再向任何人隐瞒。我因为吸烟、喝酒这类违规行为被停学 5 次，之后，因为携带各种毒品去学校，我被华盛顿州盲人学校开除了。

由于华盛顿州盲人学校拒绝接受我回去继续上学，我便跟随爸爸搬到了加拿大安大略湖南岸的一所房子居住。称我们搬进的地方是"房子"似乎并不贴切，它实际上只是一间没有暖气的小农舍。从来没有人可以在那样的"房子"里生活一整年——但是我们做到了。值得庆幸的是，爸爸对于我的任何抱怨和自怨自艾都是绝对不能容忍的。他之前一直在木制品行业工作，我们搬去加拿大的另一个原因是 20 世纪 80 年代中期美国的环境立法导致伐木方式的改变，进而致使木制品行业的萎缩和工作机会的减少。

搬家后，我想要学习打棒球。爸爸在邻居们的热情鼓舞下，坚持陪我练习棒球，然而，他总是会不小心将棒球扔到我的脸上。我从来没有真正学会仅靠听觉来设法接住棒球，然而我永远感激他愿意陪我不断练习。虽然棒球练习让我的脸经常受伤，但是，在我失明的情况下，它也帮助我训练了快速的反应能力。在这个过程中，我发现自己其实并没有那么脆弱。受伤已经成为我生活的一部分。虽然我从来没有接到过球，但每当我更接近一些的时候，我和爸爸都会感到无比兴奋。这些瞬间帮助我看到了，自己与其他同龄人之间并没有什么不一样。

我进入当地一家普通高中读书，是位于安大略省布兰德河边的 W. C. Eaket 中学。在读二年级时，我感到自己在学习上总是进一步退两步。这使我的雄心壮志在黑暗的绝望中闪烁不定，与此同时，我的"好朋友"却变成了一只站在我肩膀上的小恶魔，它奚落着我，让我意识到：许多我过去能做到的事情现在却做不到了。这让我陷入了深深的不安和混乱的情绪当中。

一个十几岁的女孩儿和她的单身爸爸生活在一起时肯定会产生冲突，然而，每当我和爸爸之间产生这样典型的冲突时，他总是愿意直接地跟我谈论这些问题。爸爸可以凭借他的机智迅速找到问题的要点，而且，他从来不会对我大声喊叫。我对于他的直接沟通也会做出很好的回应。他帮助我从学校获得了一些帮助，我开始学习盲文数学，并且学习使用一些当时的电脑系统和盲文笔记设备。

这样的转变使我获得了前进的动力。我看到了一个更好的自己，同时，我也认识到，我可以并且应该为自己制定一些目标。我深深地感觉到一股强烈的愿望，想要去拯救自己的人生，但是，当前我还在计划阶段，还未采取任何有效的行动。因此，我想要进入优生班，证明我是有天分的，并且能够禁得住时间的考验。我愿意周期性地做一些尝试，让事情变得更好。我知道自己是有能力的，只是被自己不堪重负的悲惨情况阻塞了道路。

在高中时我只有为数不多的几个真正的朋友，我感觉自己就像被遗弃了一样。因此，我想要交到更多的朋友，当时学校中有各种各样的俱乐部、体育活动及其他活动可供我选择。最终，我决定加入当时只有五六名成员的田径队。因为我喜欢运动，尤其喜欢户外运动。足球和篮球都不适合我，只有田径是最符合我心意的运动。这是我第一次有机会与同学们一起参加活动，并且有机会可以真正参与其中。虽然这期间发生了很多次的碰撞，但是最终我学会了沿着沙地跑道的外沿跑步。如果我学会了如何避开跑道上的其他人，从而避免在跑步过程中碰撞到他们，那么就可以通过不断训练来提高自己。

我跑在学校后面的沙地跑道上，这是在我完全失明后，第一次感觉到我还是有那么一点天分的。田径队是一个积极向上且鼓舞人心的团队，它让我第一次感觉到，在安大略省我可以结交到许多真正的朋友。同时，这也让我第一次意识到，原来我可以认识那么多跟我有着相同、积极向上的兴趣爱好的同龄人。我曾经让自己的形象变得灰暗、负面，然而，在这些朋友的帮助下，我的形象恢复了光彩。

但是，很快我就发现，并不是所有人都是真心诚意地想要帮助我，想要让我的人生变得更有意义。

我参加了不同地区举办的比赛，并且毫无问题地与其他视力正常的女孩们进行角逐。然而，当我被提名参加安大略省联邦二级协会举办的省级年度田径运动会时，事情发生了转变。让人出乎意料的是，协会举办方认为，如果我参加比赛，会使他们产生责任上的问题。他们所担心的并不是我参加比赛是否会受到伤害，而是我是否会在比赛过程中伤害到其他参加比赛的女孩。在过去的比赛中，我一直都跑在最里面的跑道，并且能够通过始终跑在内侧跑道来使自己保持正确的方向。我能够感觉到变化，并且可以知道我应该往哪里跑。我从来没有跑进过其他女孩的跑道，所以，他们没有理由认为，我会突然跑进别人的跑道。

幸运的是，布兰德河畔社区里的一些当地律师，愿意站出来帮助我打破这种约束条件对我的限制，因此，我被允许参加 100 米短跑。最终，我赢得了比赛，得到了人生中的第一枚金牌，并且从中获得了极大的自信心。

在比赛上取得的成就，让我意识到，自己是完全有可能进入大学继续深造的，并且我想要努力地实现这个目标。然而，我知道，如果我继续留在加拿大，根本无法负担非本地居民的学费，所以我决定违背父亲的意愿，搬回美国并住进我妈妈的家中。我这样做是为了获得居住权，从而享受州内居民学费优惠的权利。

随后，我进入了位于西雅图东北部的斯诺霍密什高中。为了要攒钱上大学，我在麦当劳和塔可钟（Taco Bell）的打工时间，是法律允许的未成年人打工的最长时间。有时，如果我同时在做两份工作，那么我的实际工作时间就会比法律允许的时间更长，此外，我偶尔还会兼职为承包商工作。这就意味着我没有时间参加课外活动。我不得不停止跑步，这是因为我每天都没有足够的时间去学习和工作。我平均每周至少工作30小时，与此同时，还要尽一切努力提升个人成绩以及为大学入学考试做准备。

幸运的是，所有的努力都得到了回报，我得到了很高的SAT分数，并且我的GAP也高到足以获得俄勒冈州立大学的录取通知书。

我成功了！

虽然我实现了这个对我而言非常重要的目标，但是挑战仍未间断。我的妈妈和继父有一个错误的认识，即华盛顿州的每一位盲人学生都会收到学费资助。因此，他们拒绝填写自愿联邦奖学金申请表格（FAFSA），这是美国大学和学院要求填写的用来申请奖学金的表格。最终，因为他们的错误，我需要承担非本州居民的学费，并且，我的家庭也没有给我提供任何经济上的支持，同时，由于缺少财务信息，我不得不放弃多项奖学金的申请。我每天承受着非常重的学习压力，并且在当地的一家24小时早餐店内从凌晨2点工作至上午10点。尽管如此，我顺利完成了5个学期的学习，但是，随后由于经济压力的不断上升，我被迫选择了休学。

但是，我的人生却出现了戏剧性的转机。

当我就读于俄勒冈州立大学时，我受教于一位盲人物理学教授——约翰·加德纳（John Gardner）——他致力于为盲人提供一种创新的"科学-数学-工程"教育课程。2000年春天，我来到他的办公室，做了自我介绍。

也许我当时夸大了自己的能力，但是，我坚信一个原则，即"可以先假装会做某件事情，那么，你就会努力地去学习，直到你真的会做这件事情"。教授问了一些关于我的计算机能力的问题，我极其夸大地回答了他。当时我说的唯一一件有事实依据的事情是，我曾经是一位令人满意的数学盲文校对员。然后，他聘用我为技术支持员（这是疯狂的）和盲文校对。当天我回到宿舍，急切地请求室友教我怎样收发邮件，这可是作为技术支持员应该掌握的最主要技能。在那之前，我从来没有接触过这些技能。

尽管在现实生活中我正处于一个上升的阶段，但实际上我仍然在为生存而奋斗着。我无时无刻不在为自己的未来感到担忧。我感觉自己并没有得到过什么帮助，实际上很多时候也确实没有。每个人都觉得我对大学的追求会以失败告终，并且，他们都毫不掩饰地向我表达了他们有这样的想法。我感觉自己像是一个站在场外与比赛毫无关系的小孩。我一直都在抽烟，并且由于那些让我沮丧的学习和工作安排，我开始变得越来越胖。当我的学习和工作回到正轨时，我知道必须要做些什么来使自己的身体状况恢复。

我重新开始跑步。

我家附近有条小路，我再次跟随着自己的步伐，开始在小路内侧跑步。每次跑完步后，我都找不到回家的路。但是，这微不足道的困难并没有让我放慢脚步。后来，我每天跑步的时候，会在沿途留下一些石头或其他东西来帮助自己找到回家的路。我每天来回跑的都是同一条路，并且每次都会比前一天多跑一点点。如果顺利的话，我可以凭借自己沿途留下的石头找到回家的路。当然，碰撞也能帮助我找到回家的路。碰撞到其他东西能够使我意识到，我需要调整方向，重新找到回家的方向。当我跑完人生中第一个 1 英里时，惊奇地发现居然没有发生任何不好的事情，从那之后，跑步便成为我人生中不可或缺的一部分。

跑步再一次使我找到了人生的方向——就像在加拿大的高中田径队中所经历的那些成功一样。我的健康状况正在慢慢地恢复，这又进一步促使我去调整自己的饮食结构。在尝试了市场上售卖的所有戒烟贴片和戒烟口香糖之后，我终于彻底地戒掉了吸烟的习惯。

我每天坚持跑步，每一次都会多跑一定的距离，这使我变得越来越强，也使我对自己的能力越来越有自信。2000 年春天，我第一次跑完半程马拉松赛，6 个月过后，我跑完了人生中第一次全程马拉松赛。当我实现人生中的这一里程碑时，我第一次感觉到自己所付出的所有努力都没有白费，虽然曾经有很多人都认为我的人生将会毫无意义。

为了获得证明自己能够达成这些目标而产生的自我满足感，我努力抓住每一次推翻他人对我提出的质疑与否定的机会。我认为，回击他人最好的办法就是让自己的生活变得更加美好。我感觉到自己重新充满了希望和力量。我再一次对人生满怀美好的憧憬——这将使我拥有一个光明的前途。我知道自己将经历一个不断上升的学习过程，并且，为了实现自己的目标，我总是愿意付出比其他任何人都多的努力。与此同时，我也明白未来掌握在自己的手中，最终的成功与失败将由我来决定。我相信自己的未来是充满光明的，终有一天，我的雄心壮志将得以实现，我将重拾那些在我失明后不得不放弃的无限潜力。这让我对任何有可能实现的事情都拥有了一种全新的感觉。

在我休学的两年里，一直在为约翰·加德纳和"走进科学项目"工作，这给了我一个很好的机会去学习科学技术、提升专业技能，并且做出有意义的贡献。加入约翰的团队后，我们共同努力发明了"强力视觉技术"，开发了"老虎触觉反应图形"（Tiger tactile graphics）以及盲文刻印机。约翰和他的妻子卡罗琳·加德纳（Carolyn Gardner），待我如亲人一般。他们帮助我通过了援助系统的审核，这样我就可以实现经济独立并且获得申请奖学金的资格。

约翰·加德纳作为我的榜样，对我的未来产生了不可思议的影响。他是一位盲人，但是拥有着为残疾人改善现状的能力。同时，他的榜样力量使我心中的希望之火重新点燃。我喜欢同他和他的家人一起工作。我怀着极大的自豪感想要成为一名更加强大的人。我能够感觉到自己的能力和天分，并且，我非常擅长做当前的工作。日益增加的勇气帮助我克服了日后所有的障碍。

当我们正在开发"强力视觉技术"时，我发现自己在公开演讲和制作 PPT 方面极具天赋。我学习如何将公司的产品整合进 PPT 里，然后在世界各地进行演讲。有一次演讲结束后，一位我从未见过的女士把我拉到一边问道："你是如何在失明的情况下还可以学习电子工程学的呢？"事实上，她认为学习电子工程学会难倒我。

这个不经意的互动让我对自己的人生进行了重新的评估。

2002 年秋天，我重返俄勒冈州立大学就读计算机与科学专业。当时，约翰·加德纳把我拉到一边并告诉我，他认为计算机与科学专业并不适合我。与此同时，我被大量的短信所淹没，发短信的人无非是想通过短信来告诉我，这条我为自己选择的道路是注定要失败的。但是，我相信，它有可能失败，更有可能成功。我已经掌握了基础的技术技能，但对更高级的技能却一窍不通。我知道自己的成绩将会比其他同学差，并且，就我本身而言，在很多方面都没有任何的优势。但是，我有一个强烈的愿望，想要知道我的能力到底有多大。我知道即使我没有成功，但是至少我曾经尝试过。我宁愿优雅地失败，也不愿抱憾终生。

我勉强地通过了第一学期的考试。我相信，这是由于自己并没有准备好。所有的教授都建议我转到一个类似的，但更少涉及技术领域的专业。我知道自己的尝试很有可能会失败，也知道我的失败恰恰会证明那些否定我的人是正确的。但是，我并不担心证明他们是对的，我担心的是他们确实是对的。我想要不顾一切地坚持下去。对于我的视力问题，我希望自己能够找到一个良好的自我平衡。其实我最大的愿望是在电子工程学方面出人头地，并以此来证明我真正的能力。然而，现在我却拼命地在计算机与科学专业里挣扎。

我穿上高跟鞋，走访了俄勒冈州立大学和科瓦利斯市内的每一个家教服务中心。我几乎占用了教授们所有的空闲时间。当一个人被认为他这辈子都没有能力做到某件事时，寻求外界的帮助会使这个人看起来更像一个失败者。这也会加剧失败带给我的痛苦。如果我想要获得任何成功的机会，就需要使上浑身解数，包括寻求他人的帮助。如果没有人愿意帮助我，我就会去求他们帮助我。每次参加辅导课之前，我都会感到异常焦虑。因为，如果我是班里最笨的学生，那么，永远都不会有导师愿意花时间给我辅导。我甚至可以想象到自己是如何在嘲笑声中走出办公室的。事实上，确实有一些教授和助教以那样的方式来对待我。他们不知道我的视力有问题，以及我要不停地追赶其他人的进度。克服我不愿寻求他人帮助的心理问题，抚平一直以来自尊心所受的伤害，所有的这一切都让我感到筋疲力尽——有时甚至比上课还累。然而，当我被打倒时会立即说道："再来一次。"

很久之后，我的教授们终于开始相信我一定会坚持我为自己选择的道路。

最终，我向我的教授们证明了，我从未打算过转去其他任何专业。

第二个学期，我再一次勉强地通过了考试，甚至这一次的分数仅仅比及格线多出一点点，但是，教授们却发自内心地改变了对我的看法。当他们发现我是不会退缩的时候，所有的教授都开始为我提供额外的辅导时间。其中一些教授甚至在家中利用晚上或周末的时间来帮我辅导功课。甚至连感恩节和其他假期我都是与教授们一起度过的。有些教授还安排助教在课堂上给予我帮助，并且对我进行一对一的课后辅导。最后，我通过了高等数学和物理学的考试。随后，我又加入了电子工程学课程的学习。在这个领域中，男性占97%，女性仅占3%，而我就是那3%中的一员。大学毕业之际，我虽然不是班里成绩最好的学生，但是成绩也处于班级里的中上游水平。

当教授们开始为微软和谷歌这类公司推荐优秀毕业生时，我的名字出现在了一些简短的推荐名单上。那些曾经试图劝说我放弃学习计算机与科学专业的教授们，现在则在向全美顶尖的信息技术公司推荐我。

我非常自豪地接受了微软提供给我的工作。

在我获得这份工作后，回想过去，发现我只有为数不多的几年过得比较轻松，并且我还曾经在快餐店打工，真是不可思议。接受了这家优秀的科技公司的职位后，我感觉自己好像已经成功地搬走了一座山，一座阻碍我探寻未来光明道路的山。这开启了我人生的新篇章。以前，我不得不去争取别人剩下的东西。现在，我感觉我的人生充满了希望。我不仅拥有能力，还拥有无限的潜力，我不仅能够克服视力问题活出更好的自己，并且很有可能克服一切障碍获得更加美好的未来。

自从那个重要的日子过后，我已经取得了人生中的很多成就。我建立了自己的公司，公司的名称为"Blind Ambition"，并且，我开始在位于奥斯丁的默泽多软件公司担任工程总监顾问一职。自从那一年，我第一次在家附近的小路上跑步后，我已经跑完了12个全程马拉松赛，多次取得参加波士顿马拉松赛的资格——实现了我的终身梦想——两次参加并完成铁人三项的全程比赛，打破了低视力/盲人男女运动员的世界纪录。我是美国残疾人铁人三项赛团队中3年以来跑得最快的女运动员，并且我现在是美国及西半球残疾人铁人三项赛的冠军。我为自己获得的成绩感到自豪，但是我觉得这才刚刚开始。

从我的立场来看，我现在只有一个选择，那就是竭尽所能去帮助其他人，让他们能够像我一样感受到自己的能力，并且帮助他人学习怎样运用我的经验教训，这是我在制定和实现目标的过程中，克服那些看似不可逾越的障碍时积累的经验和教训，这包括燃料目标、火焰目标和光辉目标。人们遇到的挑战未必都与我的相同，但是它们都以相同的方式来挑战人们的极限。我希望我提供的经验，可以帮助他们攻克在通往最高理想途中的一切障碍。

小　结

一生中，你会不断地遇到并且不得不应付一些人，他们会当着你的面说你（大多数时候他们也会在背地里说你）不聪明、没有天分、没有经验，更无法达成任何你为自己设定的、有可能会成功实现的目标。否定你的人会公然并且大声地告诉你，你所有的努力都是为了最后的失败做准备，他们试图用这种方法来削弱你的自信心——他们甚至都不需要隐藏自己的意图。劝阻你的人的做法更加微妙——他们会先在你心中种下怀疑的种子，然后经常为它们浇水，并希望它们快点长大。

重要的是，要让否定你的人了解到，你知道他们已经参与到游戏中来，然而你没有任何兴趣跟他们玩游戏。同样，你需要让劝阻你的人知道，你对他们想要灌输给你的想法毫无兴趣。当你在人生中面对否定你的人和劝阻你的人时，可以参考以下具体的提示：

- 不要轻易相信那些别人给你的警告。
- 相信自己。你拥有自己的大脑以及自己做决定的能力。

● 不要表现出愤怒。显示出愤怒表示否定你的人和劝阻你的人的策略是有效的。

● 聆听你内心深处的声音，不要理会其他人，因为，他们认为你无法做到自己有信心完成的事情。

● 反复证明否定你的人和劝阻你的人是错的。

● 如果你无法将否定你的人和劝阻你的人变为你的支持者，那么请让他们远离你的生活。让自己的身边充满支持者、激励者以及良师益友。

第二章
燃料目标、火焰目标和光辉目标

宁为飞灰灭，不作逐尘浮，

宁燃星星火，身化熊熊焰，

宁与枯木为俦，岂可默然同腐。

此身愿化流星灿，不羡天河行星体，

君看昙花一现人生没，

绝胜平凡尘世苦勾留。

莫费一生求苟活，只求献尽每一刻。

———杰克·伦敦（Jack London）

　　无论我是在与 CEO 们谈话，还是在一个坐满六年级学生的礼堂内演讲。不管观众是谁，我最常被问到的问题是，我是如何日复一日、年复一年地保持着动力，积极投入到自己人生中的每一场竞赛中的？我又是如何在这些动力的驱动下抵达终点的？在听到不同人问到这同一个问题后，我意识到，无论人们的年龄、社会地位和职业有怎样的差别，他们都在急切地寻找着能够帮助他们实现自己雄心壮志的工具与方法。其实对于这两个问题，我的答案非常简单和直接：我有远大的梦想，然后制定了能够让我真正实现梦想的目标。

　　火可以是几乎看不见的，比如微型焊枪的极其微小的火焰，火也可以是极其明显的，比如一场巨大的森林火灾，一英亩接着一英亩地吞噬着所到之处的树木。火的精髓在于它是一种化学连锁反应，当燃料、热量、氧化剂（如氧气）相结合时，火就产生了，并且这种连锁反应可以是爆炸性的、非常剧烈的。

　　对我来说，目标是态度的连锁反应，需要倾注更多的心力，并且当你实现自己制定的目标后，你的生活将会变得“火光四射”，并且，你本人也将变得更加强大。对于我的目标来说，“燃料”是坚持走下去的决心；“火焰”来自我想要实现目标的愿望；最终我实现的“光辉”则由许多最高目标组成。我的最高目标是，真诚地希望通过自身的努力，改变人们对残疾人的看法，并且希望他们能够取得更加伟大的成功。除此之外，我还有一个最高目标，那就是代表美国参加 2016 年在里约热内卢举办的残奥会。我还有一个已经完成的目标是，加入一家快速成长的公司并成为一名出色的软件工程师。

我将在这一章向你们介绍，在制定宏伟目标的过程中产生的巨大能量。

驱动着我不断前行的动力是什么

当你观看一场体育比赛时，无论是在现场还是通过电视，你都在亲眼目睹一场让参赛者和观众同样感到兴奋的赛事。这会让你心跳加速，肌肉紧绷，肾上腺素激增。同时，由于比赛的特殊性，有的比赛可以在几秒内结束［在 2012 年的奥林匹克运动会上，尤塞恩·博尔特（Usain Bolt）仅用 9.63 秒就赢得了 100 米短跑的冠军］，有的有可能会持续几小时（夏威夷铁人三项赛的纪录是 8 小时零几分）甚至几天（3 000 英里以上的美国超级马拉松自行车竞赛的冠军是经过八九天的比赛才产生的，这是由当时的路况决定的）。任何观看比赛的人都可以看到的是，参赛者在兴奋感的驱使下，不断前进并使自己始终保持着最佳状态，但是，你无法看到的是他们日复一日、年复一年枯燥的日常训练，通过这些训练才能使一位高水平运动员在比赛中发挥出自己最好的水平。只有日复一日地坚持健身、跑步、游泳，才能赢得比赛。除此之外，想要赢得比赛，还需要针对核心技能保持高质量、长时间的集中训练，以及花费必要的时间让自己适应比赛。

大量的科学研究证明，制定目标会提高人们的能力。2011 年的《应用心理学》杂志刊登了一项由 38 个独立调查研究组成的关于群体目标制定的研究结果。该研究显示，科学家已经发现了 3 个能够帮助人们提升表现的群体目标特征：

1. 详细的目标。与含混不清的目标相比，精确详细的目标更能让人们获得显著的、高水平的表现。例如，"在下次团队表现的考核中获得'优秀'"这个详细的目标，与"将工作做得更好，履行所有的工作职能"这个不详细的目标相比，前者将会帮助人们获得更高水平的表现。

2. 困难的目标。当你想要设定一个更高的目标时——这应该是一个更难以实现的目标——当你想要努力地去达到这个目标时，你将会获得更高水平的表现。研究显示，具有挑战性的目标——必须通过努力才可以实现的目标，但也不至于是难以实现的——是最好的目标。在工作上，高要求的目标可能是"在未来三个月内，让所有客户的满意度增加10％"，然而，在正常情况下，最终结果可能仅仅会增加5％。

3. 以群体为中心的目标。研究人员发现，当人们在团队中工作时，只有以群体为中心的个人目标——这类目标使每个人对群体的贡献最大化——才能提高群体的表现。但是，个人的目标又都是以自我为中心的目标——这意味着在为群体做贡献方面，他们更注重于个人表现的最大化——这又会降低群体的整体表现。[1]

在另一个关于商业目标制定的研究中，加州多明尼克大学的心理学教授盖尔·马修斯（Gail Matthews）发现，那些将自己的目标写下来，并且将它们分享给自己朋友的人更有可能实现这些目标。马修斯表示，那些简单地想要通过4周的时间就达成目标的人，最后，他们的目标达成率仅有43％。然而，对于那些将目标写下来并与朋友分享的人，如果他们能够进一步将每周目标完成的进度报告发给自己的朋友，那么，他们最后的目标达成率将会提高至76％。[2]

　　人们常常觉得，我性格中那种自我激励的特质是与生俱来的——甚至更像是动物的本性——其实，它来源于竞争。然而，实际上（无论你多么不相信），我并不是一个天生就喜欢竞争的人。在我心里，胜利是无关紧要的，这并不是我不断前进的动力。换句话说，我的动力来自我的知识，这会让我变得更加强大，同时，我也希望通过我所掌握的知识来影响其他人，从而改变人们对残疾人的看法。与此同时，我逐渐开始扮演"催化剂"的角色（这是一种能够引起连锁反应的化学物质），帮助残疾人重塑他们在正常人心目中的形象，使正常人相信残疾人也是可以取得成就的。

　　当我还在为自己成功地独自穿过马路而感到开心时，我并没有意识到，这其实是一件几乎任何正常人都可以轻松做到的事情，因而，当我事后意识到这一点时，确实会因此而感到沮丧。为什么我会感到沮丧？因为视力正常的人常常因为发现我是一个有能力的人而感到惊讶，因为发现我是一个踏实肯干的人而感到惊讶，甚至还为我取得的成功而感到惊讶。然而，在我理想中的世界里，我不仅能够拥有与其他人一样的能力，而且不会有人对此感到惊讶。我希望能够帮助人们获得一种新的世界观，在这种世界观的影响下，不会再有人认为我与其他人是不一样的，也不会再有人（包括我自己）因为我能够做与正常人一样的事情而感到惊讶。如果赢得比赛是实现这一目标的最佳途径，那么我会竭尽全力地去赢得比赛的胜利。

　　我的一个目标是推动体育产业实现变革。为了我们的子孙后代，我想要把这个目标定得更高一些，即我希望在我的努力下，残疾人运动员的比赛环境能够得到大幅提高，尤其是提高他们获得体育赞助的机会、获得奖金的机会以及取得成功的机会。

　　失明不仅让我失去了视力，还使我失去了自我价值。我曾经确信失明会使我在不经意间损坏东西，并且，我觉得自己不可能再为这个世界做出任何贡献。然而，参加马拉松比赛而取得的成功让我重新获得了自信，无论如何，这让我意识到自己仍然有能力做出更多的奉献。我不再认为自己必须要向任何人证明任何事情，我开始自由地探索自己的兴趣爱好，无论在哪一个领域。我的人生由此开始走上坡路，同时，这也赋予我一项新任务，即测试自己在工作和运动方面所能达到的极限。

动力是推动着我们不断前进的重要能量。当动力推动着运动员达到世界级比赛的要求时，我相信每一个运动员都会有他们自己独特的动力来源。例如，有些运动员有很清晰的动力，即金钱与名利。有些运动员的动力则来自内心深处的需求，即他们想要把任何事情都做到最好。然而，还有另外一些运动员，他们单纯地认为，为了参加比赛而训练是世界上最幸福的事情。有些运动员是在小时候因为父母的意愿而走上了体育竞技之路的，当他们表现优异的时候会得到父母的表扬，反之则会受到惩罚，来自心理上的激励在他们的内心根深蒂固。

虽然我们的动力可以来自很多方面，但是我相信我的动力来自内心深处想要证明自己的愿望。作为一名残疾人，我一直都拥有一个现成的借口，那就是，即使我无法成为一名取得成就的人，也没有人会看不起我。但是，事实上，我取得了成就，所以我不再需要这个借口了。我需要向自己证明，我有能力取得更多的成就，不仅仅是达到人们对我的期望，更进一步，我还要超越人们对我的期望。随着我的自信心不断增强，我的雄心壮志也在不断增强。就目前而言，我的动力来自一种兴奋感，即我认为在自己的人生中，任何事情都有可能发生所带来的兴奋感。我并不认为我已经达到了自己的极限，甚至我认为自己从未接近过极限。我已经证明了我有能力实现任何为自己设定的目标。我现在仍然怀着强烈的愿望想要不断地开发自己的潜力，并且，如饥似渴地想要知道自己的能力极限所在。

燃料目标、火焰目标和光辉目标

在我的运动生涯、职业生涯以及整个人生中，我的成功秘诀是为自己制定一套目标实现体系。我是如此幸运，能够拥有比赛方面的天赋——包括身体和心理上的特质以及意志力——但是，我仍然需要一个载体来帮助我将天赋转化为成功。这个载体就是我的目标实现体系。值得高兴的是，任何人都可以通过这个方法将自己的天赋转化为成功。我将会在接下来的内容中，详细地阐述如何将目标实现体系运用到生活中。

曾经有人问我："你如何保持自己的动力？"在我筋疲力尽、面对着生活带给我的所有挑战的时候，我如何保持自己的动力，推动着自己不断前进？事实上，让我坚信自己能够承受沉重的工作量并且总是不断地推动自己前进的原因是，我被一个对我来说意义非凡的目标驱动着。我常用的方法是，将每日的努力与更高等级的目标联系起来，在这样的方式下，我最关心的就是永远都不要放弃每一天的努力。就这样，我建立起了自己的目标实现体系。

作为一名盲人，我的目标实现体系有 3 个等级，如图 2—1 所示。

燃料目标

我称这幅图底部的目标为"燃料目标"，它为你实现自己更高层级的目标奠定基础。燃料目标是你的基础目标——为了实现其他更高层级的目标，你需要参与并完成每日任务，这样你才能最终实现自己的最高目标。燃料目标包括任何能够支持你实现自己更高层级目标的目标，例如，学习新的技术、获得新的技能，以及在需要的时候寻求帮助的能力。

光辉目标

```
                    ┌─────────────┐
                    │一些对你有意 │
                    │义的事情，度 │
                    │假、减少负债、│
                    │新玩具       │
                    └─────────────┘
```

火焰目标

```
        ┌──────────┐              ┌──────────┐
        │增加25%的  │              │利润增加   │
        │投入用来培  │              │15%       │
        │养新业务   │              │          │
        └──────────┘              └──────────┘
```

燃料目标

```
┌────────┐ ┌────────┐   ┌────────┐ ┌──────────┐
│订阅销售 │ │参加×次  │   │针对现有客│ │增加Twitter│
│辅导电子 │ │商会活动 │   │户，社交媒│ │产品组合   │
│杂志    │ │        │   │体组合增加│ │15%销量    │
│        │ │        │   │15%销量  │ │          │
└────────┘ └────────┘   └────────┘ └──────────┘
```

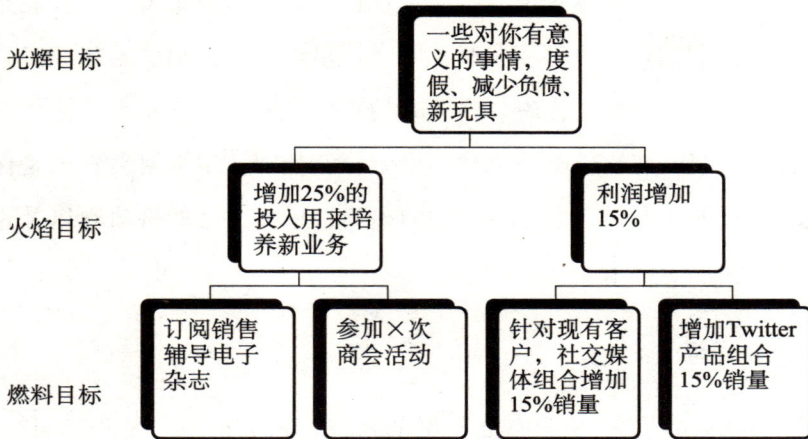

图 2—1　目标层级的例子

　　燃料目标最主要的组成部分一定与你更高层级的目标密切相关。在逻辑上，也一定要与你的光辉目标相关联。如果一个燃料目标无法推动你不断前进，那么，它就一定会拖你的后腿。定义燃料目标，对你来说是一个很好的时机，因为，这个过程能够帮助你调整那些已经付出的却无法推动你实现自己最高目标的努力。虽然许多行动可能在当时看起来是值得的，但从长期来看，它可能是没有任何意义的。

火焰目标

　　这幅图的中间部分是两个第二层级目标，这是在你实现最高目标的过程中，所需要达到的特定里程碑。我称它为"火焰目标"。在图 2—1 中，火焰目标是"增加 25％的投入用来培养新业务"以及"利润增加15％"。如果你想要实现更高等级的目标，就需要你首先达到自己的火焰目标，它们是你实现目标过程中的重要里程碑。而且，火焰目标必须是一个可以被实现的目标，因为，只有你实现了自己的火焰目标，才可以最终成功地实现自己的光辉目标。

火焰目标是支撑你实现自己光辉目标的必要组成部分。它一定与那些让你有强烈感觉的事情相关联。同时，它也一定是你的希望或者内心灵感的源泉。将你的里程碑与你关心的事情联系起来，是为了让你的一个想法或动机，能够转化为你的一个责任。现在，你需要负责的是保持自己的冲劲和干劲，因为你将自己的火焰目标与自己的价值观以及你关心的事情联系了起来。

光辉目标

在图2—1的最上面是最高层级的目标，我称它为"光辉目标"。在这里，你最澎湃的激情与最伟大的实践相碰撞，在这里你的梦想成为现实。在图2—1中，最高层级的目标是"一些对你有意义的事情，度假、减少负债、新玩具"。光辉目标让你有机会构造自己的人生，一个让你由衷地、强烈地希望自己拥有的人生。光辉目标是每天早上让你愿意从床上蹦起来为之奋斗的目标。光辉目标会推动你的人生不断前进，并且，会为你的人生带来突破性的时刻。光辉目标的关键在于，你不仅仅可以从外部看到自己人生的进步，更重要的是你能够发自内心地、强烈地感觉到自我以及自己获得的进步。

重要的是，你为自己设定的饱含雄心壮志的光辉目标，不应该以别人的标准为基础，而应该是一个对于你个人而言，足够重要的目标。它必须来自你的内心。我认为，一个人的潜力，等于他完成一件事情所达到的质量乘以在这个过程中遇到的阻力，再乘以他为此而付出的辛苦。从而，这股潜在力量将会推动着你，遵从自己的内心，勇敢地迎接一切挑战。你的光辉目标只有对你而言才是最重要的，而不是除了你之外的其他任何人。而且，仅用外部因素来衡量你是否达成目标，是没有实在意义的，因为，只有你的内心才拥有最正确的衡量标准。

我们都会进入一个误区：我们所付出的努力往往会使自己偏离原本的目标。举个例子：如果我的工作目标是帮助销售部门设计并实施一个新的会计系统，而我却花费了几天的时间来帮助这些同事将他们的办公电脑搬去另一间工作室，然后再帮助他们重置办公室网络，那么，在这种情况下，我并没有采取任何能够帮助我实现工作目标的行动。因此，这将会影响我及时地完成对我来说最为重要的目标。

因此，在这过程中，将你付出的努力与自己的光辉目标联系起来，可以帮助你避免做一些偏离目标的无用功。仅仅使自己变得繁忙起来是不够的；你需要将你的时间投入到正确的事情上。我们都有与自己的目标不相关的其他事情需要处理。虽然，我并不建议你放弃一切外部事务，但是，我们都知道，只有这样才能保证将所有的时间和精力，都投入到对实现自己的目标更有帮助的事情上。因为我们每一个人的时间都是有限的，所以集中精力就成了关键因素。除此之外，我们还要懂得如何让自己变得更加有条理，在这过程中需要我们不断地做出困难的抉择。

虽然在图2—1中，只有2个火焰目标和4个燃料目标帮助你实现最高等级的光辉目标，但是，在现实生活中，你可以制定无数个火焰目标和燃料目标。当你在为自己构建目标体系时，请记住，如果你为自己设定了过多的燃料目标和火焰目标，那么会使它们变得更难以实现，而且，这还有可能会反过来阻碍你实现自己的光辉目标。

所以，我们应该从哪里开始呢？建立一个可以实现的目标体系，首先需要确定一个最高层级的光辉目标。如果你了解吉姆·柯林斯（Jim Collins）和杰里·波拉斯（Jerry Porras）的工作以及他们的著作《基业长青——企业永续经营的准则》，那么，你就会知道最高层级的目标被他们称为BHAGs（Big Hairy Audacious Goals）。[3] 柯林斯和波拉斯认为，BHAGs具有以下特征："真正的BHAGs是清楚的和令人注目的，它是人们努力的聚焦点，同时，也是团队精神的催化剂。它有一条明确的终点线，所以，组织者可以清楚地知道自己在什么时候实现了自己的目标；除此之外，BHAGs还要满足人们喜欢为终点而冲刺的心理。"

虽然，柯林斯和波拉斯对BHAGs的想法可能适合于组织者，但是它无法充分地描绘出在我的目标体系中顶级的光辉目标的精髓。光辉目标的唯一且实际的标准是，它对你个人而言是一个意义非凡的且每一天都会使你受到鼓舞的目标。它有可能是支付大学的学费、获得工作上的晋升，或者是为一次特别的国外旅行而存钱。光辉目标不一定是宏伟的、大胆的、冒险的目标，它只需要是你内心中最为重要的目标。

你为自己所设定的这个光辉目标是不需要通过外部因素来验证的。所以，在定义你的光辉目标时，要避免使用那些仅对其他人具有重大意义的语言。

我永远不会忘记那一天，我完成了自己的马拉松目标。在我第一次参加半程马拉松赛后的6个月，我参加了自己人生中的第一次全程马拉松赛。当时，我和所有的大学生一样没有什么钱，所以，在我的好朋友辛迪·温琳（Cindy Weanling）的陪伴下，我们乘坐着一辆便宜但不舒服的灰狗巴士前往波特兰比赛现场。在波特兰我们没有住的地方（因为没有额外的钱支付住宿费用），所以，我们睡在了一个朋友的朋友家后院的走廊里。我们在早上4点钟起床，乘坐公交车到达比赛的起跑点。我如今仍然能够清楚地记得这一切，就像是昨天刚刚发生的一样。那是波特兰美好的一天，天气晴朗，阳光明媚。我从来没有像当时那么紧张过。在训练中，我跑完的最长距离是18英里，因而，我甚至不确定自己是否能够完成这场比赛。当时的我，由于对自己的能力存在怀疑而产生了巨大的心理波动。我开始思考如果我退出比赛，其他人会怎么看待我。

当裁判吹响哨声，比赛开始时，在我脑海中激烈的辩论立刻就停了下来。我来不及思考，拔腿就跑，一步接着一步。比赛刚开始时，我按训练时固有的跑步节奏，向前冲得非常猛。然而事实证明，这个速度对于第一次参加比赛的我来说有点过快了。我保持着这个速度跑了大约 4 英里便开始逐渐降低自己的速度。我开始调整自己的节奏并且保持在一个稳定的速度上。与此同时，万千思绪涌入我的脑海中，想起我为创造更美好的人生而付出的努力，我感到非常自豪。我想象着当我到达终点时能够吃到的所有美食，想象着我会如何细细地品尝它们。我想象着能够在终点再次见到我的朋友辛迪是一件多么令人兴奋的事情。她对我的关心令我非常感动，她还陪我远赴波特兰参加比赛，并且不断地帮助我努力实现自己的目标，我一想到这些，就充满了前进的力量。然而，当我跑到 18 英里并且身体上的不适几乎要把我摧毁的时候，我突然回到了现实的世界中。

我从来没有在比赛过程中注意过营养的摄取，所以在炎热的阳光照射下我很快就脱水了。我的脚步突然放慢，身体机能开始下降。当我跑到 20 英里的时候，有人递给我一瓶 GU，我从未尝试过它。如果你不是一名长跑运动员就不会了解它。GU 是一种含糖的霜状物质，含有电解质，有时还会含有咖啡因，它可以使你的身体快速吸收营养并将其转化为身体的能量，它被装在一个小的铝箔盒里。长跑运动员靠这个来维持他们在比赛过程中血液里的含糖量。幸运的是，GU 正是我当时所需要的。我渐渐地振作起来并缓慢地通过了最后的终点线。在这个过程中，每多跑一英里我就多一分喜悦，因为我知道我正在慢慢接近自己的目标。

越过终点线是我生命中一个神奇的时刻。我坚信，我不想成为一个想要努力追上同龄人步伐的人。相反，我想要努力地去引领同龄人的步伐。我从未感觉到自己是如此能干、如此有能力，即使在我视力健全的时候，我也从未有过这种感觉。在那个时刻，我觉得我的专注力和努力工作的态度可以克服任何障碍，尤其是那些在日常生活中，我不得不去应对的障碍。没有任何事情能够限制我去做任何自己想做的事情，尤其是现在。我的运动员生涯才刚刚开始。

我的燃料目标是坚持每天跑步。我的火焰目标是参加马拉松比赛，同时，这也是我人生的一个里程碑。我的光辉目标是渴望证明自我价值。我认为成功地完成第一次马拉松比赛，将会是我人生中最大的成就之一。我认为，完成这场比赛比我赢得的任何一个世界冠军和我创下的任何一个世界纪录都有意义。当时没有任何文章或新闻对我完成了那场马拉松比赛的事情进行报道。当然，也没有拉拉队在终点等候我，同样，也不会有任何激动的仰慕者将我举起到肩上。但是，我实现的这一成就是完全不需要外部因素来验证的——我参加这次比赛仅仅是为了我自己，而不是其他任何人。

成功地跑完人生中的第一个马拉松，使我有资本向自己和世界证明，我可以掌控自己的未来，并且担负起应有的责任。事实上，跑完 26.2 英里对我来说是次要的，更重要的是，它让我相信，自己是一个可以由始至终坚持不懈地完成一件事情的人。虽然这期间我面临着极大的焦虑、自我怀疑、悲伤或恐惧，但是从那一刻起，我开始相信自己有能力做到任何事情去改造自己的未来。我一直憧憬着想要拥有一个更好的自己，现在看来，这已经在我的掌控之中了。

我在实现自己目标的同时，也推翻了我之前对自己的怀疑。实现目标为我打开了一个充满无限机会的新世界，这是一个建立在我首次获得成功的基础之上的新世界。我已经向自己证明，我在这个世界上是有价值的。我知道自己可以完全地、精准地向积极的方面转变。我将自己从一个绝望的人转变成了一个充满希望的人。

我继续坚持跑步。

这个最初的努力为我清除了前方道路上的障碍，并指明了一条积极向上的人生道路。现在我知道了，如果我为自己制定了一个光辉目标，确定了一些重要的里程碑并且努力地实现这些里程碑，那么我就可以为世界做出有意义的贡献。

当你制定了一个光辉目标时，你就为取得成功做出了一个承诺。然而，更深入地来说，当你制定了一个光辉目标时，你事实上已经将自己潜意识的动机和有意识的动机联系到了一起，从而使它们共同帮助你达成自己想要实现的目标。再好好地思考一下，当你制定一个类似于在工作上得到晋升或者完成半程马拉松赛的目标时，隐藏在最高目标背后的、你想要实现的真正目标到底是什么。

想一想我首次参加马拉松比赛的例子，我的光辉目标是重塑自我价值。如果你能将自己的里程碑和成就与你热切关心的事情联系起来的话，保持积极的心态将不再困难。在你目标体系的最高层，可能会是希望孩子能够进入一所理想的大学读书。这就需要你确保在未来的几年内都积极地推进和实现你的目标。那么，对未来目标的推进和实现，就要落实到你现在每一天的努力中。当你想要偷懒或者感觉到没有动力的时候，想象一下，你的孩子在毕业典礼那天戴着学士帽、穿着学士袍的情景。情绪化的自我将会和善于分析的自我良好地结合在一起，然后监督着你每天完成"搜集燃料"的任务，达成你所有的火焰目标和里程碑。最后，成功地为你的孩子提供一个拥有美好未来的机会。

仔细看一下图 2—2，这幅图精确地描述了如何通过目标体系实现你的光辉目标。在图 2—1 中，光辉目标在图的最上方。当你在为自己制定一个光辉目标时，你要确定这个目标能够使你备受鼓舞，那么，它才能算是一个合格的光辉目标。我们知道，火箭在巨大推动力的作用下才可以飞出地球的大气层——火箭的速度已经超出了逃逸速度（escape velocity）①。

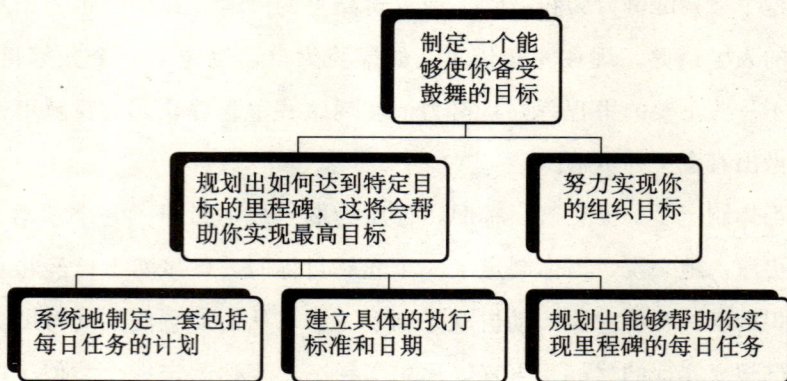

制定一个能够使你备受鼓舞的目标

规划出如何达到特定目标的里程碑，这将会帮助你实现最高目标

努力实现你的组织目标

系统地制定一套包括每日任务的计划

建立具体的执行标准和日期

规划出能够帮助你实现里程碑的每日任务

图 2—2　目标层级

我们每个人都有能力做出有意义的改变，我们也都相信自己拥有改变世界的潜力。与你的目的联系最为紧密的是光辉目标——这是一个对你来说很重要的目标，激励并推动着你不断前进。对我而言，我真诚地希望不再有任何残疾人会体会我曾经体会过的那种可怕的感觉，那是一种被其他人认为我一定会损坏他们东西的可怕感觉。我想要为残疾人树立一个榜样，告诉他们，我们不应该被身体健全的人定义为能力缺失者。我想通过改变他人对残疾运动员的看法来改变我的世界，这样才可以使人们能够更加严肃地看待这个问题，从而使残疾人得到应得的尊重。

如何运用燃料目标、火焰目标和光辉目标

1. 制定一个光辉目标。制定一个对你而言重要的，能够启发你、激励你每天早上从床上跳起来的目标，并且这个目标能够让你时刻将它记

---

① 逃逸速度：能够使物体刚好脱离星球引力的速度被称为逃逸速度。——译者注

在心里。

2. 确定那些能够帮助你实现光辉目标的火焰目标和里程碑。

3. 制定那些能够帮助你实现火焰目标的日常燃料目标。

4. 每天至少做一件与光辉目标无关的事情——一件你当天就可以完成的事情，这样你就可以花更多的时间去实现自己的光辉目标。

5. 将你的所有目标层级串联起来。

将燃料目标、火焰目标和光辉目标运用到工作中

具体需要怎么做才能将燃料目标、火焰目标和光辉目标运用到自己的工作中，从而帮助你制定并实现工作上的最高目标呢？首先，要从制定一个光辉目标开始。经过深思熟虑之后，确定最能表明你真挚感情的光辉目标。想象一下，在你的世界里，你最想在哪个方面做出改变，或者在你的人生中，你最想要实现的一件事是什么。设想一下，如果你的光辉目标是获得工作上的晋升，那么随之而来的将是工作责任的增加和薪水的上涨。

一旦你确定了自己的光辉目标，那么就可以迈出下一步：制定第二层级目标，即火焰目标。火焰目标是帮助你最终实现光辉目标所必须达成的里程碑。想要知道你的火焰目标是什么，问问自己："我必须要采取哪些步骤才能实现我的梦想？"你的火焰目标必须要与明确的里程碑联系在一起，这样才能帮助你实现自己的光辉目标。如果光辉目标是获得工作上的晋升，那么你的火焰目标就可以包括：提高可衡量的工作量，担任领导并提出一项新举措或者增加专业知识的深度。

在目标体系的最下面一层是每日任务——燃料目标。如果你想要完成自己的火焰目标，燃料目标就是你必须贯彻执行的。换言之，如果你

想要获得工作上的晋升，那么你的每日任务就可以包括：完成重要项目的每一个部分，出版自己的商业作品并成为一名公认的专家，参加在你的专业领域内的高级进修课程。任何可以帮助你实现自己更高层级目标的事情都可以称为燃料目标。它也可以是加入一个专业协会或者找一个导师给你提供指导。这需要你积累每天的努力，才能够取得最后的成功。燃料目标是实现更高层级目标的垫脚石。

制定并真正地完成燃料目标——只有贯彻执行每日任务，才能实现与你的光辉目标联系在一起的火焰目标——这是迄今为止最具挑战性的步骤，需要你一步一步地实现自己的目标层级。这意味着大部分的工作需要极大的自律性和动力。

帮助你制定目标层级的方法是，首先要了解你能够实现的最关心的事情是什么，以及你的光辉目标是什么，然后据此来制定出你的每日任务。所以在那些时刻，当你感觉到被怀疑、沮丧或被孤立的时候（相信我，你会感受到很多种不同的感受），你可以提醒自己每日任务的真实价值，它可以带着你一步一步地接近你想要实现的一切梦想。

这个方法的另一个好处是，当你面对一个不符合你长期规划的任务时，你最好能够迅速地辨别出这是一个无关的、会使你分心的、对实现你的目标没有任何帮助的任务，这样你就可以完全排除或者避免它。这样做可以帮助你释放更多的能量来实现自己的最高目标。严格遵守你的目标体系将帮助你更好地管理自己的时间、精力和成果。

当你看到自己特别关心的、重要的梦想将要成真的时候，这意味着你的光辉目标也快要实现了——例如，当工作晋升让你拥有一个与家人共度假期的机会时，或者当你看到自己的孩子都是以最高荣誉毕业时。在这个时候，所有的努力、所有燃料目标和火焰目标的制定和贯彻执行都是值得的。

作为一名实习生，我开始了自己在微软的职业生涯，在人们的印象中，我获得这份全职工作的机会微乎其微。因为我在视力上的障碍，使得与其他同事相比，我的计算机经验更加匮乏，对我来说这是一个非常现实的问题。自适应技术，如盲文显示器、屏幕阅读器，本身就会有一定的缓慢性，而且常常会出现时间上的延迟，因而，我被要求去搜集其他形式的视觉信息。与我的同事相比，开始这份工作之时，我就处于明显的劣势。

在微软开始工作后不久，我决定创建一个光辉目标：为自己提供经济上的保障。我很清楚，在保障未来的经济偿还能力上，我将面临着许多挑战。我不得不采取这样的态度，即无论我遇到怎样的障碍，无论我处于怎样的劣势，我愿意采取一切必要的行动去实现这个目标。我决定，即使你拿走了我的电脑屏幕，甚至电脑键盘，我仍然愿意去寻找另一条通往成功的道路。只要把电源线留给我就行。我确实十分需要电源线，因为它是我使用这一切工具的最基本保障。

我已经向自己证明了我是有能力的。因而，我的光辉目标就是将我的能力转化为经济上的独立和自我保障能力。经济上的独立和自我保障能力将会通过继续在微软工作和职位晋升来实现。为了保证能够继续在微软工作并得到职位晋升，我决定，即使我无法超越同伴，至少我能够跟随着他们的脚步。我面临的挑战是，当我处于劣势时，要保证与他人一样的工作量，同时还要努力地化解他人对盲人的误解。为了获得进步，我愿意工作更长时间、更加努力，并且表现得更加机智主动。在这样的追求下，燃料目标、火焰目标和光辉目标就会变成我管理时间和精力的最关键的工具。我的光辉目标是为自己提供经济保障。我的火焰目标是能够更好地改进微软 Outlook 电子邮件通讯软件，使其呈现更多的优点。我的燃料目标就是完成每天在工作上的任务——每个工作日我都需要工作 12～16 小时——这不仅需要我克服他人对我的误解，同时，还要努力地改善自己在工作上的方式和方法。

我所面临的都是非常现实的挑战。我非常清楚地知道，我的光辉目标并不是那么容易就可以达成的。美国盲人联合会的调查数据显示，只有 36.8％的处于可工作年龄的盲人拥有工作机会，并且 31％的成年盲人生活在贫困线以下。[4]作为一名专业的软件工程师，除我之外，我只遇见过一位盲人工程师。虽然我不是第一个，但我却是极少数的一个能够同时拥有计算机与科学学位和电子工程学位，并且能够获得工作机会的盲人。为了实现经济上的独立和自我保障，我必须要克服所有不同寻常的困难。

如果你想要在公司内有所发展，那么你就需要做一些对于公司的目标而言有意义的事情。当我刚刚进入微软工作的时候，可以清楚地看到这样的机会都是留给别人的。所以，最终我决定自己采取行动，不再祈祷或者寄希望于管理层在未来的某一天可能会给我提供一个尝试的机会。

作为微软的一名软件开发测试工程师，最初我被分配去完成最低端的任务，即查看那些很少被用到的旧的程序功能是否存在问题。这让我立刻就意识到，这类似于曾经发生在体育课上的情形，当其他所有人都在球场上奋战的时候，我却坐在场外堆叠着石头。我知道，为了证明我的能力，我需要完成对这些功能的自动化测试，培养与同事间的良好关系，除此之外，还要主动地去要求承担更多的工作与责任。我必须要通过完成所有分配给我的任务，来证明我拥有良好的工作能力，从而才能进一步要求参与更多有价值的工作。

正如我所表现的那样，我有能力完成分配给我的任务，因此，上级对我工作能力的信心与日俱增，尤其是我拥有能够完成更高等级任务的工作能力。当我在不断地证明自己，持续地改变着他人对我能力的看法时，我变得不再那么容易地受到外界的伤害了。上级提供给我一个机会，负责更高等级的选取框功能。在设计上，Outlook 2007 的工具栏和菜单的风格焕然一新，这能够帮助用户迅速地找到他们所需要的命令，从而加快他们完成工作的速度。写自动化测试的代码，更新所有现有的数据库，并且创造新的工具来测试这种转变，这些工作使我能够接触到这个成熟软件项目里面的所有部分。从我所承担的责任来看，这样的安排对我来说也是一个巨大的飞跃。我努力地争取机会，想要成为用户界面（UI）功能的唯一负责人，因为我知道这是获得职业发展的最好机会，所以我必须要向他人证明我是可以创造出价值的。

我成功地完成了所有的自动化测试和测试框架，确保当新的用户界面被运用到工作中时，可以拥有尽可能高的质量。因此，我获得了晋升，并且，我觉得自己已经满足了达成最终目标的所有要求。我通过实现我的燃料目标、火焰目标和光辉目标而获得了职位上的晋升。

在这种情况下，我的光辉目标应该是获得职位上的晋升。我的火焰目标是开发软件功能，并且要将其作为我获得晋升道路上的一个里程碑，同时还要证明我是值得信赖的，能够以高质量的水平完成任务，而我的视力障碍将不再成为其他人谈论的重点。我可能会是一个团队中面临着最大障碍的人，但我仍然会是表现最好的人。我的另一个火焰目标是获得一位合适的，掌握底层技术知识的导师指导，并且利用我所有的空闲时间来学习一项新的技能。

我可以通过网络与公司中的所有人取得联系，这样我就可以进入开发团队——带领着我自己管理的团队——去了解一下在最新发布的微软Office 软件中选取框功能将会有哪些变化。在与开发团队交流的过程中，我会提出类似于这样的问题："他们期待将哪些功能印在外包装的盒子上？"以及"在电视广告上将会演示它的哪些功能？"一旦我确定了那些关键的、有影响力的功能是什么之后，就会准备竞争成为至少其中一个功能的唯一负责人。如果我想要获得晋升，就需要获得一个在工作上超越他人对我的期望的机会。

我还需要去拓展自己的技能——这是我的燃料目标的重要组成部分。我必须要提高自己的 C++ 和 C# 编码技能，在测试框架工作上展示我的能力，并且显示出我对 Outlook 工具组的深入和广泛的了解。在这期间，当我为了证明自己的能力而学习新的技能时，每天都会工作 12～16 小时，周末也常常是这样度过的。我感觉自己好像已经无法再继续坚持下去了，但是我始终坚定地朝自己的光辉目标努力。我知道通过全力以赴，每天我都可以解决很多阻挡我前进的问题。我在自己所拥有的潜力的激发下，想要实现经济上的自我保障。在这个过程中，我与同事间培养出一种很好的工作关系，这使我提升了对自己的能力的信心，同时，还建立起了作为一名拥有远大目标的人应该具备的工作阅历和声誉。

一旦我建立起了一个合适的导师网络，我就能够掌握底层技术，学习一组新的技能。我可以准备一个案例来证明这个关键功能可以帮助盲人。在此之后，我开始与更多的人交流这个想法。我与公司所有的重要决策者都安排了一对一的会议。我与他们讨论我在工作中遇到的事情，以及我的这个想法的前景，直至他们开始认为我的想法是正确的。我的努力，让他们开始相信或许这是真的——或许一个存在视力障碍的人真的可以胜任一份需要拥有正常视力的人才能够完成的工作。

为了负责最有影响力的工作——用户界面设计，我必须要去制作一个案例，关于一个盲人通过可视化用户界面可以被委以重任的案例。正如你想象的那样，这个案例并不容易制作。我必须要与团队里面的其他人以及更多的资深专家合作，了解什么是底层目标模型，并且为测试无须点击按钮的用户界面开发一个策略。经过讨论，我们认为，改进这个测试应该通过减少对可视化用户界面的依赖来实现，正如我可以保证通过减少对主体措施的依赖而提高代码覆盖率一样。我必须要证明的是，事实上，盲人是测试用户界面的最佳人选。

　　虽然，在这件事情上我没有任何决定权，但是，一旦上级做出了这个决定，我就会非常激动地得知，我已经成功地将软件从之前陈旧的版本更新为新的版本，并成为这个项目的唯一负责人。通过自动化脚本的成功交付，更新成熟的数据库系统，将其更新至新的用户界面，以及教授我的团队成员有关新的用户界面和自动化的相关知识，我能够保证自己交付的产品完全符合之前所做出的所有承诺，并且，还能保证该产品向下一阶段升级时实现完美过渡。燃料目标、火焰目标和光辉目标，能够帮助我管理自己的时间和精力，为了完成光辉目标，我克服了一切有可能阻碍我的困难，并最终实现了我在经济上的独立和自我保障。

　　如今，我的燃料目标是每日坚持不懈地锻炼，不间断的饮食营养管理，但是这却需要我牺牲自己的社交生活。我的火焰目标是参加各种比赛，赢得更多的世界冠军。我的光辉目标是为祖国赢得 2016 年残奥会的金牌。这是我梦寐以求的心愿。我想让我的家人、朋友和同事们都为我取得的成就而感到骄傲。同样重要的是，我想要尽自己最大的努力去尽可能多地减少社会上人们对残疾人的负面看法。我想要改变人们对残疾人的固有看法，这样一来，当人们看到我表现出色的时候就不再会感到惊讶。

小　结

● 制定一个详细且精确的目标。

● 制定一个很难实现的目标，在实现目标过程中所遇到的困难与挑战，将会帮助你获得更高层次的表现。

● 当你工作在一个群体或者团队中时，需要制定一个以群体为中心的目标，这个目标要能够使团队中每一个人都能够做出最大的贡献。

● 为了提高你实现目标的概率，将这个目标写下来并分享给你的同事、朋友或家人。

● 为了进一步增加你实现目标的可能性，将每周目标完成的进度报告分享给那些了解你的目标的人。

第三章
设定你的极限

积极的人会告诉你，

天空才是你的极限，

但是有决心的人会告诉你，

天空之外还有更广阔的空间。

要不断地挑战你的极限。

——道格拉斯·苏巴（Douglas Shumba）

在失明之后，我仿佛跌入了无底深渊，自暴自弃的做法让我变得越来越糟。然而，时过境迁，现在的我已经取得了一些成功，并感觉自己已经准备好沿着积极向上的生活轨迹取得更大的成就。每一天，我们仿佛都被现实生活中无尽的问题束缚着，这些问题包括：如何更加有效地利用时间、分配自己的精力、从疲劳中恢复，然而，正是这些问题，使我们拥有了坚强的意志力，让我们一步一步地适应这个充满着未知的世界。与此同时，我们还受到来自多方面的压力，包括：别人的批评与质疑、自我怀疑、对失败的恐惧，以及担心被当作傻瓜而带来的忧虑。

的确，我们无法成功做到所有事情，但是，一旦我们做出了选择，我们需要控制的便是自己的意念。在很多情况下，通过控制那些我们可以把控的事情，就可以将限制我们的因素消除掉。这就要求我们坚守信念并重新看待困难。一旦我们扫清了自己心中的疑虑，这种方法便可以带来无尽的力量。

感知极限的力量

当我们还是小孩子的时候，我们不知道什么是极限。我们都是有着天马行空般想象力的小孩子——我们可以想象出一些哥哥、姐姐、爸爸、妈妈和其他所有人都无法想象的事情，并且我们已经准备好跨越任何有可能阻挡我们实现自己目标的障碍。然而，随着我们慢慢长大，我们开始用不同的视角去看待这个世界，我们身处于一个色彩缤纷的世界中——对世界的不同感知可以将我们带去任何地方。

一个研究项目清楚地表明，随着年纪的增长，年轻人会逐渐失去以"发散性或者非线性的方式"（研究人员认为这是形成创造力的关键）思考问题的能力。乔治·兰德（George Land）博士和他的研究团队追踪了一组1 600名孩子的成长过程。当这群孩子处于3～5岁时，98％的孩子可以使用发散性思维思考问题，只有2％的孩子无法做到这一点。然而，当他们的年龄达到8～10岁时，在1 600名孩子中，只有32％的孩子仍然可以在学习中使用发散性思维思考问题——他们的创造力出现了大幅下降。接下来，事情变得更加糟糕。当这组孩子成长到13～15岁时，只有10％的孩子可以用发散性思维方式思考问题，而其余90％的孩子都无法做到这一点。后来，该研究团队在对包括20万名年龄在25岁的成年人进行同样的测试时发现，他们在创造力方面有了更大的下降。同时，当前一组研究中的孩子成长到25岁时，只有2％的人可以通过测试被认定具备发散性思维，其余98％的人均不具备。[1]

是的，你所看到的上述研究结果是真实的：2％。在这群孩子从3岁到25岁的成长过程中，逐渐有人失去发散性思维能力，最终98％的孩子不再拥有发散性思维，他们为自己建立了一个"小盒子"，将自己限制在狭小的空间里，同时也限制了他们未来的可能性。他们爬进小盒子，关上盖子，锁上盒盖，扔掉钥匙，可能他们永远都不会再去寻找这把钥匙。

总是有人说，人们的信念是由他们自己创造的。所以，当一些人告诫你应该"知道你的极限"时，这到底是什么意思？以及到底是谁想要给你提出这小小的警告？我的个人信念是，你应该忘记自己的极限——你应该"不知道"自己的极限。是的，了解自己的极限可以保护你免受失败的伤害，但失败是人生的一部分。只有当你不再进行任何尝试时，才能试图保护自己避免承担任何失败的风险，然而，不再尝试又有可能会为你带来哪些好的事情呢？当你选择不再尝试的时候，就表明你期盼着好的事情自动找上门。成功并不会降临到那些害怕承担风险的人身上，而是会降临到那些敢于拿自己做赌注并偶尔会"忘记"自己极限的人身上。

说实话，极限影响着我们每一个人，从微不足道的事情——那些我们经常不假思索就选择放弃的事情（例如，我们每前进一步，都在不断地突破着那些降临到我们身上的约束）——到那些真正会决定生死结果的事情（例如，如果你从一辆以 100 英里/小时的速度在高速公路上行驶的汽车上跳下去，你将没有任何幸存的机会）。我并不是说没有真正的极限——显然极限是存在的。我们每个人，甚至每一天都会有明确的极限。然而，其中一些是身体上的极限（无论我接受了多久的训练，都不敢从 20 英尺的高度跳下来——目前女子世界纪录为 1987 年的 6 英尺 10 英寸）[2]，另外一些则是心理上的极限，来自我们的信念和经验。这些都是我们可以预先感知到的极限。

但是，其中的诀窍是：预先感知到的极限可以被冲散、减少、抛开以及被有意识、有策略地遗忘，更可以被完全克服。这对我来说无疑是真的，并且对于那些已经达成了真正的、意义非凡的目标的人来说，这是一个常见的主题，无论他们的目标是什么。

我最讨厌听到人们说类似这样的话，"我不是一个对数字有天赋的人"或者"我不擅长阅读财务报表"。他们说这些话是在为自己找无数不同的借口，这些人并没有竭尽所能地去学习财务报表，"不是一个对数字有天赋的人"又是什么意思呢？这个结论又是如何得出来的呢？这绝对不意味着这些人真的没有天赋，天赋可以通过后天的努力去发现。如果他们付出足够多的时间去学习财务报表的具体内容，我有理由相信，他们会惊奇地发现，原来他们对"数字"拥有如此优秀的天赋。

你有机会变得非常擅长那些需要平时多加练习的行为或活动，并且，你越是在平时多加练习和磨炼这些技能，你就会从中得到越多的回报。因此，如果你想要克服那些可以预先感知到的极限——例如，你永远都不可能在工作中取得成功，或者你永远都找不到合适的伴侣，或者你永远都没有机会赢得铁人三项赛——那么通过练习在"没有"极限的情况下生活，就能够为你开启一个更好的未来。练习在"没有"极限的情况下努力生活，这可能意味着你要更加努力地工作；也可能意味着你的生活会变得更有效率；还可能意味着你需要得到朋友、家人、同事，甚至陌生人的帮助。不管需要付出什么代价，尽最大能力为自己寻求最合适的定位，从而使你具备完成任务的能力。这样一来，一切事情都将会井井有条。

我经常为各类群体做演说或者励志演讲，除此之外，我也时常与这些群体讨论习惯的力量。习惯可以是一种非常强大的工具，并且根据你所采用的不同习惯，它们可以产生极其深远的积极结果或消极结果——既会对你当前的情况产生影响，更会影响你的未来。如果你想要移除那些预先能够感知到的极限（它们会阻碍你实现自己的梦想），那么解决方法就是养成一些习惯，通过这些习惯来帮助你达成自己想要实现的目标。例如，如果你想要得到工作上的晋升，养成每天阅读相关行业文章的习惯，然后做出准确的自我定位，并由此努力地寻找到市场上的新机会。每天重复一个简单的习惯，可以使你变成公司里的无价之宝。当你将这个习惯与勤奋而踏实的工作态度结合在一起的时候，这将成为一个无懈可击的组合。

你采取的每一个行动都是在为未来的行动做准备。你的每一个行动都将开启一个新的习惯———一个可以使你更加接近或者更加远离自己目标的习惯。所以，在你采取行动之前要先经过仔细的考虑。借口、理由和辩解只会渐渐地破坏你的潜力，并且，最终唯一会从中受到伤害的人只有你自己。诚实地对待这些自己建立起来的行为习惯，你对它们负有完全的责任。记住：当你听到从自己嘴里说出的借口时，这就意味着你正在破坏自己的根基。

因为各种各样的原因，大学对我来说是一个挑战，很少有人在有身体限制的情况下还可以很好地完成任何事情，但是我可能必须要这样做。在大学期间，我深刻地感受到，预先感知到的极限和真正的极限是截然不同的。全世界的人都会认为，当我想要去追求自己所选择的道路时，失明将会成为一扇紧锁着的大门，阻挡着我前进的道路，并且在这个过程中，很多人都愿意站出来担任守门人的角色。

比如说，当我想要参加离散数学课程的学习时，我非常"幸运"地被分配给了一名以难以相处而闻名的教授。在期末考试中，他将只给出十道考试题目，每个题目的分数都占期末总分数的 10%。然后他将这十道题全部设为选择题，如果在一道题中你选错其中的任何一个选项，那么即使选对了一些，也将得不到任何分数。如果这还不算太糟的话，每道题目将会有 5 个不同的选项，除了 1 个正确的答案外，他还会给出 4 个非常容易让人选错的选项。所以，如果你仅仅粗略地知道怎样解答这道题，而最终只能解出一个非常接近正确答案的错误答案，那么，很有可能你解出的这个错误答案就是其中的一个选项。最终，你选择的答案无论正确与否都将会得到验证。但是，一旦你选择了错误的答案，这将会让你产生自我怀疑。在这种出题模式下，你会不断地对自己产生质疑，一点点削弱你的自信心。

考试结束后，所有试卷都会以匿名号码的形式提交，所以，即使是教授也没有办法在成绩公布前知道某位学生是否通过了考试。就在期末考试之前，教授把我叫进他的办公室并给了我一些建议，我确信他认为自己应该给我一些明智的建议。他建议，对我来说最好的选择是，不要再继续完成课堂上的学习，不要参加期末考试，然后选择一条全新的职业道路——选择一条不是那么艰苦的，但更加适合像我这样存在身体残疾的人走的道路。随后，他便将人文科学专业推荐给我。然后，他继续对我说："考虑到你的情况……"

我意识到他的本意是好的，但是他的话却刺痛了我。有很多次，我都听到他说："你的希望终将会变成徒劳无益的尝试，并会以失败告终。"人们喜欢看着我说："可怜的帕特里夏，你总是自讨苦吃。"

但是，有一件事情我必须要称赞我的教授：他善意的尝试使我避免了徒劳和失败，并推动着我努力地突破自己最大的极限。我再也不愿接受由其他人来决定我的人生道路。现在是时候由我来决定自己未来的发展方向了，同时，也是时候对自己的行为结果负起责任了，无论遇到什么样的结果。在与教授相处的那段时间，我意识到，我宁愿自己是一个优雅的失败者，也不愿意成为一名因为未尝试过而抱憾终身的人。

事实证明，我确实了解到了前方道路的艰难。但是，前方艰难的道路却让我了解到三件重要的事情：第一，真正的我是多么有能力；第二，我真正需要的帮助其实很少，只要能够脚踏实地，我就可以创造出无限可能；第三，我的极限究竟几何，取决于付出的努力。虽然，我的缺陷是与生俱来的，但是，我可以借助各种工具来减少残疾对我产生的影响。如果我因为失明而感到备受限制，那么，唯一的原因就是我选择让自己有这样一种感受。与此同时，我很高兴自己能够努力地工作，寻找有利的资源，并且努力地保持前进的动力。

现在，心理上的坚韧和想要尝试的意愿成为我人生的一部分——这才是我真正想要的人生。但是，这并不容易。曾经的胃病让我备受挫折。虽然我的情况不同于那位横渡英吉利海峡的游泳者——她在离目标仅有400米的时候选择了放弃——但是，我觉得自己当前也面临着相同的困境。我已经完成了大部分的工作。最困难的部分也已经被克服。虽然，最后的考试可能会让我一败涂地，但是，我没有任何可以回头的理由。当你快要完成自己的目标时，就不能选择退出。我知道，当自己选择参加这场考试的时候，我就拥有了另外一个机会，即为了成为更好的自己而努力奋斗的机会。无论情况看上去有多么糟糕，我都要坚持到底。

我曾对我的教授说，我非常感激他想要帮助我避免再次遭遇极度失望的尝试，但是我并不准备采纳他的建议。为了确保能够顺利地通过测试，我付出了自己能付出的最大努力。我参加了每一个学期的数学学习培训班，并参加了所有的学习小组。甚至我还聘请了一位数学老师为我进行私下的辅导。当我只有一笔钱可以使用，被迫在交房租还是交数学辅导费之间做出选择时，我选择了后者。我知道测试题目是教授专门设计的，用来淘汰那些成绩较差的学生——这意味着，我们班里40％的学生都注定会不及格。我知道，如果我没有通过这次考试，将只有一次重考的机会，然后取这两次考试的平均分，作为这门课的最终成绩。如果我第一次考试没有通过，那么，补考分数就必须是A，否则，我将无法继续就读电子工程专业。

如果说在这种情况下所产生的压力并不算大的话，那么，更大的压力在于，我还意识到，一旦我没有通过这次考试，就意味着那些否定我的人是正确的。我们都特别关注那些在工作中、生活中阻碍着我们的因素——我们所生活的世界到处都充斥着批评者。我们每个人都面临着来自各方面不同人的批评，与此同时，我们也在不断地与自己的内心做斗争。克服这些批评者的言论，相信自己能够将这些"劝告"抛到九霄云外。重要的是，无论如何都要努力地做出尝试，即使面对着一个普通的挑战。只要你勇于与批评者对抗，那么无论是表面上还是实际上都足以证明自己的能力。但是，有时候你也要做好准备，用一生的时间来寻找真正的自我。因而，选择参加这次考试看起来将会是我人生中的一次转机——也许没有严重到关乎生死，但绝对关乎我的自尊和想要实现的未来。

考试结束后，我猜想自己将会是那 40％ 没有通过考试的学生中的一员。但是，无论考试结果如何，我都已经做好了充分的准备。要么我会成功地通过考试，要么我会面对考试失败，如果我注定失败，那么我希望自己能够有机会优雅地失败。

尘埃落定之后，匿名号码被公开，我发现自己最终通过了考试——实际上，我的成绩位居班里第三名。并且我从这件事情上学到的经验与教训，至今仍然伴随着我。如果你工作足够努力，如果你已经用尽了所有可以用来帮助自己的工具，并且如果你已经准备好失去自己的一切，那么，无论在前进的道路上遇到什么样的障碍，你都能够取得最后的成功。

在数学考试中获得第三名让我认识到，预先感知到的极限不同于真正的极限，意识到这一点让我时刻充满着力量去打破任何我可以预先感知到的极限。对你来说也是如此。你可以预先感知到未来将会遇到的极限——可能是你并不擅长数学，可能是你不够聪明无法获得工作上的晋升，还可能是你永远都无法成为那种擅长在一大群同事面前表现自己的人。当然，你也拥有自己真正的极限，例如，时间、金钱以及你关心的各种需求。当你即将达到自己的极限时，无论是预先感知到的还是真正的，总是会有否定你的人已经准备好要告诉你，什么事情是你无法做到的，以及什么梦想是你应该忘掉的。

　　我的建议是：要有礼貌且亲切地感谢家人、朋友、老师以及同事们给你提出的建议，但是，最终还是要依靠自己的判断做出决定。无论他们会提供给你多么意义重大的建议，这是你自己的人生，只有你最了解自己是否可以完成任务。不仅如此，你是那个最后不得不承担这些建议结果的人，无论是好的还是坏的。我爱我的朋友和家人，并且经常会主动找他们商量事情，无论如何，我都要为自己最终所做的决定负责。

　　对于失败，人们有着各种各样的借口——他们为自己准备好借口的同时也准备好了失败。我想要听听他们的理由然后问问我自己："他们是在试图说服我还是他们自己？"绝大多数的时间，他们试图要说服的是他们自己，而且，那些往往都是关于他们认为自己将会遇到的极限，而不是在实际生活中真正会出现的极限。在这方面的好消息是，我们可以控制自己的感知。对于那些你预先感知到的可能会让你达到极限的事情，可以通过竭尽全力的努力和深思熟虑的思考驱散它们。使用任何你可以使用到的工具来帮助自己，必要的时候要寻求他人的帮助，并且将赌注压在自己身上，然后，你就会看到那些预先感知到的极限会随着时间的流逝而逐渐消失。

　　对我来说，我的其中一个真正的极限是，一些确实对视力有一定要求的、稀缺的职业。鉴于当前的技术水平，成为一名脑外科医生对于我来说不是一条切实可行的职业发展道路。这不是一个感知极限，而是一个真正极限。但是，并没有什么原因能够阻挡我成为一名成功的工程师。是因为它会更少地使用到视力吗？当然，与成为一名医生相比，这是毫无疑问的。话虽如此，我仍然是一名高效率并大有贡献的工程师，我通过学习技术和练习集中精力让自己变得与众不同。此外，我还希望通过运用新的、创新的方法，将独特的领导方式带入到我人生的每一段职业生涯中。

我对预先感知到的极限和真正的极限之间区别的理解，帮助我获得了俄勒冈州立大学电子工程学专业的学士学位和计算机与科学专业的学士学位，以及西雅图大学非营利执行领导专业的硕士学位。我在微软拥有一份全职工作，同时接受着铁人三项的专业训练。我在不断地挑战自己的极限，并且得到的结果往往会让我感到十分惊喜。

当你认为已经达到了自己的极限时，再坚持向前推进一点点。如果你只相信自己，并且能够打破那些让你驻足不前的感知极限，我认为你可能会惊奇地发现，你可以更加努力地工作，收获更多的成果，并完成那些你从未想过会实现的事情。事实上，我愿意赌一把，试一试，看看到底会发生什么事情。

设定你在工作上的极限

我在微软任职期间，曾获得公司的金星奖章，该奖章被用来奖励那些在公司内有优秀表现的员工。我获得这个奖励，是因为我发现了一个问题，即在线广告在点击后无法正常工作，这会使公司的收入遭受重大损失。通过矫正，我关闭了一个导致公司每月损失 4 万美元收入的循环指令。但是，尽管我为自己所获得的奖章和为微软挽回将近 50 万美元的年收入损失而感到非常自豪，但是，我的一位同事却直言不讳地表示，他认为我获得这枚奖章是因为我是一个盲人——这是一个让我自我感觉良好的慈善奖。他的论据是，他确信我的努力并没有在真正的工程学范畴之内。但是，我自己很清楚的是，能够赢得这个奖励，无论如何，我都必须要通过编写代码来解决这个问题——这显然是在软件工程学的范畴之内。从中我学习到，无论我完成了什么，人们都会凭借他们自己的想法去给我定位，而且，我也没有任何办法去改变他人的想法。

你可以预先感知到的极限和真正的极限只有你自己才能了解，其他任何人都无法了解。你需要知道的是，无论你做了什么或者完成了什么，你身后仍然会有很多人追逐着你，贬低你所付出的努力，然后这些人会试图去证明，你无论如何都无法达到工作上的要求。所以，最终你最应该相信的就是你自己，坚信自己的选择才有助于你实现目标。反对者的声音通常很大，但是我知道反对声音的音量和正确与否之间没有丝毫相关性。

亨利·福特（Henry Ford）曾经说过："无论你认为自己是可以做到还是不可以做到，你都是对的。"正如我们都认为的那样，我们是有极限的，无论是预先感知到的极限还是真实的极限，我们总是不相信自己的力量能够突破那些可以被预先感知到的极限。想要突破预先感知到的极限，你首先要相信自己可以实现这一突破，你需要奉献出持续不断的、高品质的努力，并且，这需要你围绕着自己的目标来制定、实施计划和战略。

很多年前，人们相信在 4 分钟以内跑完 1 英里，从人体极限的角度来讲这是不可能的。然而，1954 年英国人罗杰·班尼斯特（Roger Bannister）打破了 4 分钟跑完 1 英里的纪录。在班尼斯特打破这一纪录后不久，其他一些运动员也都纷纷实现了突破。对这一现象有两种可能的解释。第一种解释是，班尼斯特打破了其他运动员无法打破的预先感知到的极限。第二种解释是，一些运动员认为 4 分钟内跑完 1 英里是有可能实现的。但是，班尼斯特独特的训练和比赛计划让他成为第一个打破纪录的人。我从班尼斯特的事迹中学习到，虽然信念是实现目标的关键组成部分，但是在相信你拥有潜力的同时也要勤奋、努力地工作，并且善于制订计划和策略。一个实现突破的信念需要将内在的动机与充满意义的目标联系起来，从而使你能够证明自己的能力没有上限。

　　我个人的偶像——埃隆·马斯克（Elon Musk）——是一个重新定义商业极限的男人，他是投资者和发明家，负责并创建了美国太空探索技术公司（SpaceX）、贝宝（PayPal）、特斯拉汽车公司（Tesla Motors）等。马斯克在推广在线报纸、在线企业名录、高声誉电动汽车、在线支付以及火星探索计划方面都颇具影响力。想象一下，没有在线支付和在线企业名录的世界将会是什么样子的。一个拥有权力和影响力的人可以重塑这个世界，将其变成他想要的世界，而不是通过接受现状将自己限制住。从多方面衡量，马斯克都是一名天才发明家，并且我毫不怀疑地认为，他的努力将继续改变着我们日常生活的每一天，正如我们所知道的那样。

　　如果你也选择质疑那些会阻碍你拥有积极向上人生的极限，想象一下，在这种情况下你能够做些什么呢？你需要考虑的问题是："推进剂"的成本是多少？用来打破你的极限的"推进剂"，就是你的燃料目标、火焰目标和光辉目标。相关成本则是你为了实现一个有意义的目标而付出的全部精力和时间。

　　当我感觉到极限带给我的压力时，我就会想到埃隆·马斯克是如何革新互联网技术和可再生能源的，他还尝试将太空探索从政府垄断的模式转变为企业赢利模式。无论是埃隆·马斯克还是罗杰·班尼斯特，他们都成功地突破了自己可以预先感知到的极限。第一，要建立坚定的信念，相信自己有可能成为一名领导者；第二，要付出持续不断的、高质量的努力；第三，通过计划和战略的制定实施，将每日目标与本质上的、有意义的目标联系起来。他们对这些目标的完成，向我们证明了，我们每个人都有能力克服自己预先感知到的极限，从而产生意义非凡的影响。

　　埃隆·马斯克和罗杰·班尼斯特的事迹都能够证明，如果你有梦想，相信它会实现，并且敢于尝试，那么，再不可能实现的梦想也终会实现。

思考一下你的目标。问问自己："如果我不受任何限制将会怎么样？我的梦想是什么？如果我没有被自己的训练束缚住，我敢做些什么？"一旦你对自己可以预先感知到的极限和所接受的训练展开思考，那么，这将决定你的最高理想。现在，思考一下，有什么是你一直想要实现的？你可以采取怎样大胆的行动，向自己证明你的信念？你能做什么来挑战那些可以预先感知到的极限？

考虑一下，假如你开始运营一家小企业，情况会怎样呢？据美国小企业管理局的数据显示，1/3 新成立的小企业会在 2 年内倒闭，5 年之后，近乎一半的小企业都会倒闭。[3]

创建这些企业的人们面临着非常真实的极限。他们的产品或者服务在市场上没有竞争力，或者他们没有充足的资金来确保自己的企业能够维持足够长的时间，或者他们可能拥有一个非常好的产品，但是，他们不知道怎样管理自己的员工或者企业。无论如何，当企业家经历这些极限时，都会感觉到它们似乎非常真实。我个人认为，在许多情况下，他们所感觉到的极限都是感知极限，而不是真实的极限。产品可以被设计得更具竞争力；也可以确保拥有充足的资金；人们更可以学习怎样更有效地管理自己的员工和企业。在任何一种情况下，极限都是可以被突破的。虽然实施的过程可能并不容易，但是最终都是可以被人们所实现的。

测试你的极限——你可以在多大程度上超越自己原本的预期，这将会为你留下深刻的印象。要对你所创造的习惯负责任。要成为目标明确的人。你采取每一个行动时，都要提前为下一个行动做打算。你既可以由此进入一个消极、堕落、急剧下降的人生，也可以迈入一个积极向上的光辉未来。这个选择权在你手中，你在前进道路上所做出的一系列决定，将会影响你最终选择的方向。回想一下你的行为并反问一下自己，是否打算养成一个好的或坏的习惯。无论你想要培养何种习惯，这个习惯都必须让你获得一定的提升与收获。

突破视力极限

想象一下，试图在不画图的情况下教授物理和数学；想象一下，仅凭听到的信息来试图描绘出复杂的微积分方程；想象一下，身处在一间没有黑板或者白板的教室里。这是在约翰·加德纳教授开拓他的创新精神之前，盲人学生所处的环境。当他失明之后，加德纳开始意识到，失明的或者低视力的学生在学习 STEM 课程（自然科学、工艺技术、工程学和数学）过程中需要面对的糟糕状况。他意识到，当时存在的技术（20 世纪 90 年代末至 21 世纪初）并不足以满足这些学生学习 STEM 课程的需求。

加德纳面临着一个选择：接受真实存在的极限，或者彻底地颠覆这个体系。他选择通过重新定义极限来为失明的学生改变世界。他拥有物理学背景，他知道如何获得研究资助，他熟悉如何组建一支优秀的团队，包括雇用一位名为帕特里夏·沃尔什的年轻学生——也就是我。

在盲文打印机面世一段时间后，它仍然只能用来刻印文字，而数学和物理课上所要求的图形，则完全超出了盲文打印机的功能范围。我们希望通过开拓创新，使盲文打印机也可以实现图形的刻印。此外，那个时候的打印机都需要专业且昂贵的专用软件，并且，为了刻印文档，操作人员还需要进行多方面的培训。加德纳教授希望操作人员能够知道如何使用现有的软件，如微软的 Word，并且，能够在不需要任何额外培训的基础上准备并刻印文档。事实上，我们打印机的每一次更新换代，都使这个产品更具商业可行性。

当我开始为加德纳工作时，触觉打印机仍然处于试验阶段。当时只有一台机器能够做直线画图。我最初的职责是校对打印机输出的文本，并对打印出来的文本提出易读性方面的反馈。随着我技术技能的不断提高以及公司的不断成长，我开始担任更高级别的职务，并承担更多的责任。我们在设计上不断创新，并且考虑了其中很多方面的因素，包括印刷时的声音、印刷的材料、文件的准备、文件的易读性、盲文打印机的风格，当然还有可以打印的图形类型。

我们发起了一个基层营销活动，举办了几次大型会议来展示盲文打印机的功能，这些功能使一些原本无法实现的事情变成了可能。打印机的原始成本为 1 万美元，所以它并不适合家庭使用。但是，当我们的产品进入几所大学并站稳脚跟，尤其是在进入得克萨斯州盲人和视力受损者学校（TSSBVI）后，我们就可以向人们传达以下几个观念：我们的工具是有用的；准备好用它来改变你的生活；你可以从市场上购买到它。这使我们获得了创建"强力视觉技术"公司的资金，这是一家营利性公司。在我 19 岁那年，我成为这家公司的第 4 名员工。我的工作职责是组织管理所有的演讲事宜，并与图书馆和学校进行沟通。产品本身所具备的优秀功能，让它在市场上取得了成功。研究一直持续着，直至我们开发出一款家用的、成本大幅降低的产品。

加德纳教授组建了一个最优秀的团队，包括硬件工程师、电子工程师、软件工程师以及一些了解盲文的人（例如我），我们一起帮助他实现这个伟大的目标。他还在一些最有影响力的机构放置了一些盲文打印机，用来教授盲人如何使用该打印机，其中就包括得克萨斯州盲人和视力受损者学校。改进的过程需要大量的试验，也会产生很多错误，我们将搜集到的反馈用作产品的更新换代，直至开发出一款更具商业可行性的产品。为了完成自己手上的所有任务，我们不知疲倦地工作。这是一种典型的创业精神，在这里每个人都在努力地迎接挑战：我们准备好材料，呈现出精彩的演讲，与潜在的投资者探讨项目并参与技术讨论。

最终，我们成功研发出了一台能够打印图形的盲文打印机，它的图形处理能力如同文本处理能力一样高效。我非常有幸能够参与它的设计开发，并且从加德纳教授身上，我学习到了很多东西。他告诉我，世界上没有任何极限会比你为自己设定的极限更难以突破。当初加德纳教授邀请我加入他的团队时，我白天参加初等教育课程的学习，晚上在一家餐厅上夜班。我从来没有意识到，我甚至可以成为一名工程师，但是这确实成了事实——我的人生从此发生了改变。

像约翰·加德纳、埃隆·马斯克和罗杰·班尼斯特这样的人，他们看不到阻碍——他们看到的只是机会。他们拥有敏捷的思维，会想尽一切办法从各个方面突破这些阻碍，除此之外，他们还会极其努力地工作，直至他们达成为自己设定的目标。约翰·加德纳发明了一种新的打印机，能够使有严重视力障碍的人第一次"看到"图形；埃隆·马斯克重新定义了未来的太空旅行和汽车行业；罗杰·班尼斯特打破了 4 分钟跑完 1 英里的记录。想一想在你的生活中，你面临着哪些极限，然后，考虑一下你能做些什么来打破它们。我们都有能力实现自己人生中最伟大的理想——那么，今天你会做什么，让你更接近自己的目标呢？

小　结

● 不要寻找借口。设定一个你想要实现的目标，然后尽一切努力去实现它。

● 要有礼貌且亲切地感谢家人、朋友、教授以及同事给你提的建议，但是，最终还是要依靠自己的判断做出决定。

● 养成一个"不知道"自己极限的习惯。这句话的意思是，分辨出哪些极限是你为自己设定的可以预先感知到的极限，然后，要么置之不理，要么将它们完全抛到脑后。

● 极限是非常难以突破的，学习你需要学习的知识，反复练习你的技巧直至它们被完全磨炼至炉火纯青，无论需要持续多长时间，都要一直努力地工作。

● 不断测试你的局限性——你可能会惊奇地发现，你所认为的极限已经不复存在。

第四章

成为一名铁人

人生最大的成就不在于永不失败，而在于失败后能够重新站起来。

——文斯·隆巴迪（Vince Lombardi）

有一天，在与一位好友喝完咖啡后，这位好友问了我一个改变我人生的问题："你是否考虑过参加铁人三项赛？"我从未考虑过，因为我不知道什么是所谓的铁人。我不认识任何铁人三项运动员，甚至都不确定铁人三项赛是什么。所以，我决定要先对它进行一些了解。那天我回到家中，在对比赛地点没有做任何研究的情况下，就报名参加了铁人三项赛。就当时情况而言，我觉得自己算得上一名不错的跑步选手，我还有骑自行车的经验（往返于各种酒吧之间），但是我不确定自己是否会游泳，因为我从未尝试过游泳。事实上，我很快就知道自己根本不会游泳。在自学游泳的过程中，我的游泳姿势被救生员善良地描述为"难看"。时间飞逝，因为我没有参加正规的游泳课程，所以到头来还是没能学会游泳。

无论如何，我都已经竭尽全力了。

意志力心理学

无论你实际设定的目标是个人目标还是工作目标，只要它们属于光辉目标，那么它们就是对你意义重大的最高目标，即使你拥有不错的意志力，还拥有坚持不懈和不屈不挠的精神，也需要坚持一段时间后才能够实现这些目标。而且，你不能仅仅坚持一小段时间——无论你会遇到何种挑战，为了实现目标，你必须设立一个长期计划。不仅如此，你还必须有韧性——当失败的时候，或者遭遇逆境的时候，有重新振作起来的能力。

安吉拉·达克沃斯（Angela Duckworth）是宾夕法尼亚大学的一名研究员，她投入了十多年的时间，研究人们如何达成为自己设定的目标。达克沃斯的研究表明，两个特征可以带来成功的人生：毅力和自律。她给毅力下的定义是"一种长期坚持某件事情，直到你完成它的能力"，同时，自律的定义是"能够自主调节行为、情绪和注意力上的欲望"。[1]这两个特征是人们拥有成功人生的必要条件，并且它们是相辅相成的。自律有助于帮助你战胜一时的诱惑，这些诱惑会引导你偏离自己的目标，例如，当你听见短信铃声时，就会产生查看手机的冲动；即使你清楚地知道自己不应该吃糖果，但是每当你看到糖果的时候，还是会产生想要吃的冲动。毅力，从另一方面来看，可以帮助你日复一日，甚至年复一年地朝着自己的目标坚持不懈地努力。

达克沃斯在 TED 的演讲中提到："毅力是你对未来的坚持，日复一日，不是仅仅持续一个星期或者一个月，而是经过几年甚至几十年的努力奋斗，让自己的梦想变为现实。毅力是把生活当成一场马拉松而不是一次短跑。"[2]换而言之，如果你的光辉目标是有一天能够成为你所在公司的销售总监，但是你目前只是一名拥有 6 个月工作经验的销售新人，那么你就需要掌握一些方法，每天坚持不懈地朝未来目标努力，直至最终实现它。你可能需要很多年的时间才能从销售员爬到销售总监的位置，但是，如果你有毅力，而毅力能够指引你实现自己的光辉目标，那么，你最终一定会实现这个目标。

为了了解一个人是否有毅力，达克沃斯和她的研究团队在宾夕法尼亚大学开发出几种不同的评测方法。通过评测问题能够了解人们的个人特征，并以此来判断他们是否具有毅力，包括：

● 参加测试者是否工作勤奋。

● 参加测试者是会因挫折而感到气馁，还是会选择克服挫折。

● 参加测试者是否会因为新项目分散精力而导致旧项目经常出现不了了之的情况。

● 参加测试者是否曾经实现过他们所追求的目标。

● 参加测试者是否曾经完成过他们的长期目标。

安吉拉·达克沃斯认为，自己是受斯坦福大学心理学教授卡罗尔·德韦克（Carol Dweck）的启发才得出了毅力和自律的定义，尤其是德韦克在"成长型思维模式"方面的研究对她产生了颇为深远的影响。德韦克的研究显示，具备成长型思维模式的人——拥有这种心态的人，相信自己绝大多数的基本能力可以靠后天的努力得来——能够比具备固定型思维模式的人更好地实现目标。固定型思维模式的人，相信自己的才能、智力和其他特性是先天注定的，后天无法改变。

拥有固定型思维模式的人相信，自己的才能、智力和其他特性都是固定的，往往很早就达到一个稳定水平，无法实现自己的长期目标，并且不能充分发挥自己的潜力。他们会：

● 避免挑战。

● 轻易放弃。

● 认为努力是徒劳的，还不如不努力。

● 忽略有用的负面反馈。

● 对他人的成功感到威胁。

拥有成长型思维模式的人相信，自己的才能、智力和其他特性都是可以靠后天努力得来的，他们的大脑像肌肉一样，可以变得更加强壮，并且他们的命运由自己掌控。因此，他们会：

- 拥抱挑战。

- 坚定地面对挫折。

- 认为努力能帮助他们掌控未来。

- 从批评中吸取经验与教训。

- 从他人的成功中获取经验与启发。[3]

当你为自己制定了光辉目标，并且想要努力地去实现它们的时候，回过头来想一下你的个人信念和生活态度。你是否拥有长期坚持下去的毅力，或者你是否因为要培养自律而在不断地摆脱外界的监督。你是否意识到自己可以变得更加成熟并获得更多成就，或者你是否还困在对自己的错误认识里，并将永远都无法得以突破？

那么，当你为了实现自己的长期光辉目标而培养成长型思维模式时，你要如何增强自己的毅力？福布斯网站的专栏刊登了玛格丽特·佩利（Margaret Perlis）的一篇文章，她指出，为了增强毅力，有 5 个需要着重改进的地方：

- 勇气。不要害怕失败，或者担心被当作傻瓜，这样会让你远离风险、回避挑战。佩利表示，"勇气为毅力提供燃料，两者是共生的，没有勇气就不会拥有毅力，没有毅力同样也就不会有勇气……你需要分别管理它们，还要了解如何让它们共同发挥出更大的作用。"

- 责任心。心理学家认为不同人格类型的人都应该具备五大核心特征，其中与毅力关系最密切的便是责任心。然而，它不仅是普通意义上的责任心，而且是超出日常极限的责任心。佩利表示，"承诺会为了获得金牌而奋斗，比仅仅参加训练重要得多。"

- 坚持到底。做出一个长期的承诺，并且坚持到底。不要让自己半途而废，也不要让短暂的干扰或者障碍阻挡了你前进的道路。

● 韧性。要明白，无论什么样的失败，它都只是你在实现目标道路上的一个短暂停留。要乐观，要对自己的能力有信心（但是，也要愿意去学习和提升），并且要勇于创新，不断寻求新的途径来实现自己的目标，尤其是在当前的方法不仅无法帮助你实现目标，还让你感到疲倦的时候。

● 优秀而不是完美。要认识到，你不需要变成一个完美的人，或者，借用当前流行的一句真理来说："期待完美，但接受优秀。"世界上没有真正完美的人——即使有，也不会维持很久。但是，你可以做到优秀，并且拥有一个优秀的生活态度，这样，即使是最具挑战性的目标，你也可以实现。[4]

制定并实现铁人三项赛目标

铁人三项赛不同于其他任何比赛。首先需要游泳 2.4 英里，紧接着是 112 英里的自行车比赛，最后是 26.2 英里的长跑，相当于一个全程马拉松的长度。完成其中的任何一项比赛都足以让大多数的运动员感到筋疲力尽。当你连着完成这 3 项比赛时，你就会了解到，这场比赛是对人身体和心理承受能力的极限测试。

我报名参加了游泳课，与此同时，也开始研究如何获得双人自行车项目的训练指导。我一直都是游泳池中游得最慢的那个人，并且当我把头扎进水里的时候就会感到惊慌失措。所以，我的解决方法是，永远不要将脸扎进水里。（但是，对于那些在泳池边的人来说，当我将头放在水外面游泳的时候，看上去就像是希望车子前进却一直踩着刹车，既想要往前走，却又被刹车制约着无法前进。更为关键的是，使用这种方法，我无法游得很远，并且如果我一直保持这个姿势，看起来会非常难看。）在水里我会迷失方向，会听不清任何声音，也看不清任何东西。一旦进入水中，我的所有感觉就会完全丧失，然后我就会拼命地挣扎着想要从游泳池的一边游到另外一边。

我想要测试自己是否可以完成 2.4 英里的游泳距离。所以我做了这个换算——我把英里转换成码数，再把码数换成泳池的长度，然后就可以得出，在泳池里完成 2.4 英里需要游多少个来回。现在回想起来，很显然，当时我没有教练，也很难发挥出自己最好的判断力。所以，当我完成社区举办的两周游泳课程之后，我尝试并游完了人生中第一个铁人三项赛所要求的 2.4 英里。整个过程一共用时 3 小时。这让我感到筋疲力尽——我感觉好像刚刚跑完了 10 场往返马拉松。我不得不打电话给我的一个朋友，让他来健身房接我，因为我已经累到无法自己走回家了。而我朋友说他正准备去参加一个聚会，如果我也参加这个聚会的话，他就可以在聚会结束后把我送回家，否则，我就只能自己再想其他办法回家。所以，在他的劝说下，我决定去参加那场聚会。

极其巧合的是，在聚会上，我遇见了亚伦·斯彻蒂斯（Aaron Scheidies）（世界上跑得最快的盲人男子铁人三项运动员）的大学同学。从他那里我得知，亚伦凑巧就住在距离我家只有半英里的地方。后来，虽然我再也没有见过那位朋友的朋友，但是在他的帮助下我与亚伦取得了联系，我的人生也因此而发生了改变。亚伦是一位盲人运动员。杂志社和赞助商都非常尊敬他。因为，他正在做着一些我从未想过会实现的事情。对于比赛而言，我认为自己是参赛者，而亚伦却是竞赛者。我希望自己能像他一样在比赛中与其他人一起角逐最后的胜利。

我参加的第一次铁人三项赛在普莱西德湖（Lake Placid）举办，这项赛事是美国北部历史第二悠久的。湖的四周环绕着美丽的田园风光。

首先是在镜湖里进行游泳比赛，其次是骑自行车穿越阿迪朗达克山脉，最后是跑马拉松穿越纽约普莱西德湖周围的村落。第一次参加铁人三项赛，我的目标只是完成比赛——只要能够完成目标，对我来说就是一个巨大的成就，而且，这几个月以来我集中训练的主要目标就是完成比赛。

比赛开始之前我就感觉慌乱不安，因为我们忘记装备系绳。就在这时，一名工作人员走近我们，拿出一条系绳将我与指导教练连在了一起。我觉得这可谓是我们用过的最好的系绳。我们在游泳比赛时间结束之前勉强地游完了 2.4 英里。紧接着，我们进入了双人自行车比赛阶段。比赛路段的山路多于平路，一段山路接着一段山路。我们遇到了可怕的逆风，但是好在上天是眷顾我们的，因为逆风时我们走的是一段下坡路。虽然如此，我们却以 45～50 英里/小时的速度飞速前进——这已经完全超出了我们的控制。我们当时没有发生任何碰撞真的是奇迹，但是，我们也清楚地知道，这些下坡路有助于我们积攒力量，降低完成接下来那一段上坡路的难度。最后，我们在最艰难的环境下完成了自行车比赛，终于进入了最后一项的马拉松比赛阶段。感谢上帝，马拉松是最后一项比赛，这可是我当时唯一擅长的比赛项目。

我完成了普莱西德湖铁人三项赛，感觉这就是我想要做的事情。我没有打破任何纪录，但打破纪录并不是我的目标，我的目标是完成这次比赛，所以，我已经实现了自己的目标。完成整场比赛我用了相当长的时间，总用时为 14 小时 38 分钟。但是，这不会是我参加的最后一次铁人三项赛，我相信在接下来的铁人三项赛中，我会大大地缩短比赛时间。

比赛结束后的第 6 个星期，正当我躺在床上抱着一大袋薯片，听着已经听了无数遍的《我为喜剧狂》的重播时，我接到了一通电话。一位专业运动员打电话问我是否愿意与她一起参加明年的铁人三项赛。"愿意！"我冲着电话那边的人喊道。我扔掉薯片，关掉电视，跑进健身房，立即开始了训练。那一天我做了4小时的高强度自行车训练。

就这样，我拥有了与我心中的英雄同场竞技的机会，我将会全身心地投入到比赛当中，竭尽全力并以最短的时间完成比赛。完成普莱西德湖铁人三项赛，我一共用了14小时38分钟，那么，13小时将是我本次比赛的目标，这是一个可以实现的目标。我曾经读到一篇文章，上面说如果人们将自己的目标公开，就更有可能实现这个目标。所以，当我将目标定为13小时时，我实际上告诉大家的目标为12小时。但是，能够接近13小时就已经是奇迹了，所以我对外承诺的12小时，仅仅是为了给自己增加一个额外的动力而已。

指导教练为我制订了一个训练计划，将训练重点放在游泳和自行车项目上。我们立即就展开了训练。我之前从来没有像这样努力过。我每天早上5:15就会准时出现在健身房，结束一天10小时的办公室工作后，会再次回到健身房训练，然后回到家完成我的研究生作业。我平均每天的睡眠时间仅有3～4小时。但是我从来都没有抱怨过——我觉得这是一个千载难逢的机会，我将它想象成一生中唯一一次能够让我将事情做到最好的机会。我想要打破所有的纪录，并在铁人三项赛的优秀女运动员中名列前茅。

时间飞逝，转眼间就到了四月——离比赛仅剩几周的时间了。是时候最后敲定比赛中的各项细节了，如航班、食宿等一系列事情。就在这时，我得到一个坏消息。距离参加得克萨斯州铁人三项赛仅剩3周的时候，我的指导教练不得不退出比赛。因为赞助商的问题，她必须放弃参加本次比赛，而我如同被泼了一盆冷水一样。但是，我并没有因此而痛哭，在挫折面前也没有丝毫动摇。我想让自己慢慢地接受这个事实，我的梦想就这样以一种从未想过的方式结束了。但很快我便决定如果这种方法行不通，就使用另一种方法，我相信自己的梦想不会就这么夭折的。

经过考虑，我发现，世界上能够用 13 小时完成铁人三项赛的运动员非常少，而且，事实上根本不会有人在比赛开始前的 3 周内决定参加比赛，同时还能够符合 13 小时完成比赛的要求——那些少数有可能符合要求的人，也都是在以个人的方式进行训练。所以，我知道想要在比赛前 3 周找到一位全能型指导教练，可能性几乎为零。正在这时，我想起了那个横渡英吉利海峡的故事。我甚至仿佛可以看到，还有不到 400 米的距离，我就可以创造历史了。在这种情况下，大多数人一定认为我会选择放弃，因为我有充足的理由可以选择放弃。但是，我清楚地知道，只要我还有一丝机会，就绝对不应该放弃。

我用尽了一切办法。在这期间，我联系了其他专业运动员，利用网络去搜索合适的人选，打电话到新闻频道去询问，还向神父寻求帮助。我尽可能地抓住任何机会。但是，随着时间一天天地过去，我还是没有任何收获，我开始变得焦虑起来。

然而，不久之后，我等待的好消息居然来了。在 C Different 基金会（C Different Fundation）创始人马特·米勒（Matt Miller）的帮助下，我找到了不止一位指导教练，而是两位。如同奇迹一般，马特认识两位美国最优秀的业余女运动员，并且她们两人——索尼娅·维克（Sonja Week）和米歇尔·福特（Michelle Ford）——碰巧都正在为接下来将于十月举行的科纳铁人三项赛进行训练。她们都正处于赛前最佳状态，并且一直都在训练以适应在炎热的天气下进行比赛，而此时我迫切需要的，正是有人能够指导我在炎热的天气下完成马拉松项目。就这样，米歇尔同意指导我在游泳和自行车项目上的训练，索尼娅则同意指导我在马拉松项目上的训练。

周四我们去完成注册以及一些赛前的扫尾工作。周五则是我们唯一有机会一起训练的一天。米歇尔和我一共游了 400 米左右的距离，主要是为了熟悉彼此的游泳方式。这就是我们为了第二天 2.4 英里的游泳项目所进行的全部训练。简短的游泳练习过后，米歇尔和我接着开始练习双人自行车。我们在停车场周围骑了 200 米左右，仍旧是为了更好地适应彼此。虽然练习得并不够多，但总比没有进行任何练习好。

对我来说，游泳一直都是铁人三项赛中最艰难的项目。在水中，我既看不到亮光，也听不到声音，像是完全将视觉和听觉从我身上剥夺了一般。在水中，我与指导教练沟通仅靠两种方式：挨一拳表示向右游，被系绳拉住表示向左游。在狭小的比赛区域里一共要容纳 2 000 名游泳者，所以我需要一个万无一失的方法来战胜恐惧。幸运的是，我学会通过几个冥想的方法来帮助自己保持头脑冷静，并且，我也可以控制由于大脑充满焦虑而带给我的恐惧感了。

这竟然是我完成的最流畅的一次游泳。我们在水中的交流堪称完美——仿佛我们是已经组队多年的队友。有几次我超过了米歇尔，因为我们当时都由于疲惫而打乱了节奏，但是，很快我们就再次调整好了速度。我们游过一段拥挤的水道，甚至还超过了几个人，最后以不错的 90 分钟的成绩完成了整个游泳项目的比赛。我们从水中出来后便飞快地跑向自行车比赛区域。

当我们离开泳池的那一刻，我全身每一个细胞都发生了改变。我感觉自己变得非常自在、更加强壮，并且所有的事情都尽在掌控之中。很快我们就骑上自行车，开始了长达 112 英里的自行车比赛。突然，我产生了不好的感觉，仿佛身处地狱一般。然而，很快我便对自己的这个想法感到震惊。但是，无论如何，我当时只对一件事情充满着无限的热情，那就是完成这场比赛。我的骑行速度比以往任何一次训练的速度都要快，而且，我知道还可以更快。米歇尔是一位非常了不起的指导教练。我们之间的合作顺畅到像涂了润滑剂一般。这期间，我们碰撞到一次砾石，但是即便如此，我们仍旧可以保持冷静的头脑和火箭般的速度。我们当时努力地想要赢取名次，而这个努力的过程本身已经让我们超越了自我。

我们完成了自行车项目的比赛，接下来是铁人三项赛的最后一个项目：马拉松。

我们跳下自行车，飞快地跑向转换区帐篷，与在那里等着我的索尼娅会合。我发疯般地换上跑鞋后，与索尼娅一起掉头走出帐篷，开始了我们的马拉松之旅。这个时候我们已经使用了 7 小时。这意味着要想达到我的个人目标——13 小时——需要在 6 小时内完成马拉松比赛。但是，要想实现我对外宣称的目标——12 小时——就需要用 5 小时跑完马拉松全程。在铁人三项赛中，我认为自己最擅长的项目就是跑步。所以，我惊讶地发现，实现 12 小时完成铁人三项赛的目标，竟然完全在我的掌控之中——这让我备受鼓舞。

在我们进入马拉松阶段的比赛时，气温达到 35 摄氏度。当我跑了 3 英里之后，感觉自己的肠胃极其不舒服。所以，我们在沿途的每一个移动卫生间都要停下来做休整，这让我们减慢了速度。我们本可以以 7 分钟/英里的速度向前跑，但是，由于我的肠胃问题，所以，我们的速度降到 10 分钟/英里。我们仍然努力着想要回到正轨，实现最终的目标，但是以当前的速度而言，仅仅是勉强能够实现。然而幸运的是，我的速度在逐步提上来。实现目标开始变得有把握了。我们从 10 分钟/英里，提速到 9 分钟/英里，再到 8 分 40 秒/英里，然后到 7 分 40 秒/英里，最终我们将速度保持在我们原本计划的 7 分钟/英里。

当我们还在继续向终点前进的时候，我注意到人们的欢呼声开始变得很大，他们分散在跑道两侧的不同地方。随后的几英里，我一直在想世界上到底什么事情能让他们如此兴奋。就在这时，我们开始加速前进。当我们在不断地超越其他参赛者，向终点冲刺的时候，索尼娅大声喊道：

"盲人万岁!"与此同时,一个男人倒地痛哭,因为他无法相信自己居然被一个失明的女人超过了。

我们继续向前跑着,被高温持续灼烤着,但是,热到一定程度后我们反而感觉不到热了。终于,当我们跑到马拉松第 21 英里的时候,就在那一瞬间,接近终点的兴奋感让我举起了双手。我之所以做这个手势,是因为我对这个运动和这场比赛感到兴奋。周围的人随之也变得沸腾起来。当我们通过围观的群众时,我能够听到他们在大声地欢呼着,但当时我并没有想到他们是在为我而欢呼。雷鸣般的欢呼声和掌声让我感觉后背像触电了一样。我的每一寸神经都像着火了一般。随后,我们将速度从 7 分钟/英里提高到 6 分 50 秒/英里,然后再提高至 6 分 40 秒/英里,并且,一直保持着这个速度直至抵达终点。让我无法相信的是,自己真的完成了比赛。

我意识到我们正在创造新的历史纪录,并且我告诉自己,我为之努力奋斗这么久的梦想终于要实现了。我们每迈出一步,就会离世界纪录更近一步。我们在最后还剩 200 米左右的地方与米歇尔会合,最终我们 3 个人作为一个团队一起越过了终点线。在我们跨越终点的那一瞬间,人群中爆发出巨大的掌声,我知道他们是在为我们鼓掌。

我知道我们创造了新的纪录,但是,我不确定我们的具体用时是多少。

我转向索尼娅和米歇尔,透过人群向她们喊道:"我们做到了吗?我们做到了吗?"索尼娅告诉我,我们刚好在 11 小时 40 分的时候越过了终点线,打破了我为自己设定的 13 小时内完成比赛的目标,同时也实现了我对外宣布的目标——12 小时。我不是一个喜欢哭的人,在那一刻我努力地忍住泪水,但是,我确信比赛过后,当我们有机会单独在一起的时候,我们会为了来之不易的胜利而痛哭的。然而,就在那一瞬间,我让自己沉浸在欢呼声和胜利的喜悦之中。而且，那一刻让我感觉到，在实现个人目标的道路上，我已经到达了顶峰。

回过头来看，我现在能够理解在我童年故事中那个横跨英吉利海峡的女人当时的感受。在铁人三项赛开始之前，我差点就选择了放弃。我站在起跑线前，面对困难想要退缩的那一刻，就如同她在离对岸仅有不到 400 米的地方徘徊一样。但是，与她不同的是，我不但拥有穿越"浓雾"的力量，还拥有克服恐惧、犹豫、疲惫以及自我怀疑的力量。虽然，在实现梦想的过程中，我也面对着失败的风险。但是，最终我实现了自己的梦想，而且我知道这绝对不是一个意料之外的结果。

我打破了盲人和低视力运动员的世界纪录，并且在我的参赛组里一共有 600 名参赛选手，我获得了第 13 名。在索尼娅和米歇尔的帮助下，我不仅取得了得克萨斯州铁人三项赛的胜利，而且，这也激励着我去开展自己的事业——建立起自己的公司 Blind Ambition。我所建立起来的力量和自信，都使我成为一名发自内心地想要帮助他人实现最高目标的人。我不具备过人的天赋或能力，也没有任何值得夸耀的特殊才能。我所拥有的就是组织能力、推动自己实现目标的能力、自始至终坚持不懈的能力。除此之外，我还拥有一套独特的制定目标的方法，并且，这套方法在实践的过程中已经得以验证——我将在本书接下来的章节中对这套方法做详细介绍。

在工作中成为一名真正的铁人

回想一下你所获得的成就。你是否觉得自己拥有一种天生的能力，这种能力是固定的、不会改变的；或者你是否觉得自己拥有某些推动着你走向成功的技能，而这些技能是你经过长时间才培养起来的。我非常确信的是，无论在哪个行业，没有人能够仅仅依靠运气而获得出色的表现。研究表明，相对于后天的培训和教育而言，天赋对人们产生的影响似乎是无限的。我们可以认为一个人很擅长她的工作，是因为她拥有天赋；也可以认为是因为她喜爱这份工作而愿意付出更多的努力。

根据我在运动方面和工作方面的经验，我相信只有经过实践的磨炼才能让自己变得更加完美。在成长过程中，我不曾有过任何特权，也从未获得鼓励去展示任何天赋。我取得成功是因为我拥有较强的适应能力，也就是说，我拥有成长型思维模式，心理学教授卡罗尔·德韦克认为拥有这种思维模式的人，就拥有了通往成功大门的钥匙。

作为一名微软的工程师，学习C++和C#计算机编程语言对我来说是最为重要的，因为它们有助于我获得承担项目的能力，从而也有利于我在微软的职业发展。随着我离开微软，学习新技能就变得更为关键。例如，我现在需要拥有为国际合资公司创作专业性文章和工作报表的能力，为此，我要掌握完善网络协议的技术细节。这就要求我去适应并学习一套全新的技术性技能，从而使我在新的职业生涯中获得更好的发展。

只擅长一个或两个技能是不够的。你需要为目前手头上的工作培养正确的技能。在如此之快的生活节奏下，我们所掌握的技能可能很快就会过时。而解决这一问题的方法就是不断地学习新技能，但是，新技能的学习是要有针对性的，所以，我们要清楚地了解自己是更愿意从事当前的工作还是已经准备好迎接下一个挑战。在这整个过程中，我们一定要成为一名"铁人"。也就是说，如果我们想要达成对自己而言最重要的光辉目标，那么一定要培养自己获得毅力和自律的特质。

作为默泽多工程总监的顾问，我的职责是通过提供端到端的解决方案，保证我们在世界各地的合资公司都能够取得成功。作为一家新兴公司，在巨大的压力下，我们想要成为发展中国家市场上第一个通过智能

手机为用户提供金融服务的公司。这意味着，我的目标在每一天里都将
会发生巨大的变化。如果我想要取得成功，就需要能够根据事情的要求，
在第一时间进行研究分析，从而快速地解决问题。例如，一个项目要求
对斯里兰卡现有的金融服务进行综合的差距分析，包括远程支票存款、
汇款、政府服务、信用卡处理等。那么，我的任务则是快速地实现以下
任务：

- 了解当地人口和需求情况。

- 了解当地现有的金融基础设施、存在的问题、贪污腐败带来的
  影响、金融服务立法、合规性（无论是当地的还是国际的）以及技
  术中心等方面的情况。

- 从人口和金融服务的现状着手，找出金融服务间的差距。

虽然，使人们能够通过这样一个内容丰富的产品提前获得金融服务，
确实是一个不小的壮举。但是，我之所以能够取得成功，是因为我为这
个项目设定了目标实现体系，包括燃料目标、火焰目标及光辉目标。对
于斯里兰卡项目而言，光辉目标，即最高目标，是通过智能手机为那些
需要服务的人带来可信赖的金融服务。那么，为了实现这个光辉目标就
需要制定一系列的火焰目标，包括开发一个值得信赖的服务和确保所有
银行服务的安全性及可靠性，主要涉及支付、支票、电子支付、工资等。
然而，对于无银行账户者来说（那些首次想要把钱存进银行的人）就需
要教他们了解金融服务的相关知识，例如，支票和储蓄账户、现金经济
向银行经济的转变，还需要培养他们使用手机访问银行服务的习惯。实
现这些任务的燃料目标就是开发出这个技术，也就是说，制定可行性计
划、执行计划并测试解决方案，这些都是为了让我的公司最终成为全球
技术的影响者。这就需要经历训练、学习、获取合资合同以及实现燃料
目标，这样才有机会实现火焰目标和最终的光辉目标。

在提供意见或进行研究方面，我并没有任何与生俱来的能力，但是，我却拥有铁人一般的意志，当我集中精力想要去实现自己的光辉目标时（通过智能手机为那些需要服务的人带来可信赖的金融服务），铁人意志让我能够持续不断地学习新知识和新技能。除此之外，我还拥有创造性地解决问题的经验和工作表现。

我拥有实现光辉目标的动力，不仅是因为我的个人奉献精神，而且还因为我想要成为一名终身学习者。对我来说，想要实现这个光辉目标就要继续为公司不断地发掘新的市场机会，还要加快我们在移动金融服务国际生态系统中的发展与壮大。我知道，无论我拥有多少知识、经验，我要学习的东西还有很多——技术不仅可以使我的工作更加高效，还能够帮助我获得更好的方法以进行应用程序和软件开发，除此之外，技术还能够带给我们更多的便利与快捷。

能够取得成功的人不是那些止步不前的人（即卡罗尔·德韦克所定义的拥有固定型思维模式的人），而是愿意去适应、改变并且根据组织的需求能屈能伸的人。就我个人的经验而言，你需要学习一个能够帮助你实现目标的技能，即成为一名终身学习者和自学者的技能。无论你从事何种行业，无论是城市建设、教授编码技能，还是设计最新的电信技术，你的成功都将取决于，为了完成当前任务，你想要并愿意开发的个人优势。

大多数成功人士都是在走过一段非常艰难的道路之后才最终取得成功的。理查德·布兰森有诵读困难，并且在校期间的成绩很差。比尔·盖茨创建的第一家公司——交通数据公司——以失败告终。服装设计师王微微（Vera Wang）未能进入她为之努力已久的美国花样滑冰奥运代表队。南加州大学影视艺术学院曾拒绝录取史蒂文·斯皮尔伯格——不只一次，而是两次。当 J. K. 罗琳刚开始写《哈利·波特》系列的第一本书时，她是一名靠政府资助生活的单身母亲。华特·迪士尼曾被一位报纸编辑评价为

"缺乏想象力，没有好的创意"，甚至还被其所在的公司开除。

我们所有伟大的商业英雄和业务创新型精英都曾经历过失败——其中很多人还经历过多次失败。但是，他们都未曾放弃。无论面临着什么样的挑战，他们所拥有的毅力和决心都将有助于他们取得成功。他们懂得从失败中吸取教训，利用自己所学的知识，一步一步地接近并实现自己的目标。

作为一名运动员或一位工程师，我并不具备任何天赋，但是无论我是否拥有天赋，我都能够为自己创造机会，既能够成为一名优秀的运动员，也能够成为一名杰出的工程师。我能够抓住机会并取得如此傲人的成绩是我做梦也没有想到的，这激励着我每一天的生活与工作。同时，这也是因为我成功地实现了自己设定的燃料目标、火焰目标及光辉目标。我拥有一套独特方法，它能够帮助我时刻保持着前进的动力，在这套方法的帮助下，那些无法解决的问题和项目被划分成几个不同的部分，这样就有利于根据每一部分的特点将它们逐一攻克。

我们不会天生就具备某种能力。努力工作、无私奉献并且愿意去学习相应的新技能才是成功的关键。为了实现燃料目标、火焰目标和光辉目标，不仅需要通过发展基础技能（完成燃料目标）来支持你实现自己的光辉目标，还要避免仅仅依赖那些你已经掌握的知识与技能。这将有助于使你朝着自己的目标努力前行。

小　结

● 要想实现你的最高目标，就需要拥有坚强的意志力、坚持不懈的精神以及长期的努力。

● 练习自律，这需要你对自己在行为、情绪和注意力上的冲动进行自我调节。

● 塑造成长型思维模式，相信自己可以通过无私奉献和努力工作提高能力。

● 集中通过以下 5 个方面来提高你的毅力：勇气、责任心、耐心、韧性、优秀。

● 成为一名终身学习者。你总是需要通过自我提高或者学习一些新东西来帮助自己实现目标。

第五章
沿着最短路线前行

能否获得成就的一个问题在于是否可以制定出切实可行的目标，但是这又是最难做到的事情，因为你往往不能很清楚地知道你需要什么或不需要什么。

——乔治·卢卡斯（George Lucas）

在长跑竞赛中，我们经常会提到最短路线。最短路线是跑完全程所需要的最短距离。如果你不按照最短路线去跑，就需要付出一些不必要的时间和精力才能到达终点。如果你过弯道的弧度比最短路线大，这就会增加到达终点的距离。马拉松的最短距离为 26.2 英里。你跑完全程的总距离只会大于或等于 26.2 英里，但绝对不会小于这个最短距离。

记住了这一点，你会发现大多数优秀的马拉松选手，都会集中精力选择尽可能短的路径前进。当他们可以小幅度转弯的时候，没有理由要加大转弯幅度。这样做是为了让每一个动作都能产生较高的效用。无论是在企业经营，还是在个人生活方面，通过集中所有的努力，选择最短的路线，都将有助于你实现自己当前的目标。

在纷扰的世界中学习如何集中精力

无论你的目标是什么，只要你想实现自己的目标，就需要集中精力。当你希望努力地实现一个目标时，首先需要完成第一个任务，然后再完成下一个任务，接着再完成另外一个任务，一个任务接着一个任务，直至你完成了实现这个目标所需要完成的所有任务。然而，众所周知的是，我们周围的很多事情都会使我们分散精力，一旦我们受其影响，它们就会成为我们前进道路上的障碍。当我们正在为实现目标而努力地完成任务时，让人分心的事情可能会使我们完全放下手头上的工作，转而去做其他事情。这种间断可能是几分钟、几天，也可能是永远。

干扰学是针对于那些让人分心或对人产生干扰的事物进行研究的学科。虽然，当前仍然没有完整且确切的数据能够证明，科技类事物会对我们产生干扰。但是，大多数的研究发现，我们在工作中受到的科技干扰日益增加。我们受到的干扰越多，离实现目标的最短路线就越远。这就导致我们花费了不必要的时间和精力来达到相同的结果，也有可能仅仅可以得到一个明显低于我们期望的结果。

格洛丽亚·马克教授（Gloria Mark）是加州大学埃尔文分校唐纳德·布赖恩信息与计算机学院的副教授，她潜心研究在工作场合会受到的各种干扰，起初她发现："人们被打断或者转去做另外一件事情之前，花费在任何一件事情上（不包括正式会议）的平均时间为 3 分钟。"然后，马克教授根据"工作领域"进行分组测试，希望通过该测试了解在不同的干扰形式下，人们从一种工作领域切换到另一种需要多长时间。在放宽了对"专心"的定义之后，她发现，员工"可以在一个工作领域内持续工作 12 分 18 秒，再切换至下一个工作领域"[1]。

问题是：马克教授在研究中所观察到的各种干扰因素对工作环境产生的影响是积极的还是消极的？如果你是一名战斗机飞行员，在空中独自执行任务，那么很显然，你需要保持注意力的高度集中，所以，这个时候如何处理干扰因素，将直接决定生死。虽然在如此紧张激烈的环境中工作的人为数不多，但是对于大多数商人而言，只要他们想要成功地完成优质项目，不断地付出自己最大的努力，并且想要在工作上有所成就，那么，就需要他们能够长时间地将注意力集中在实现自己的目标上。

杜克大学的凯茜·戴维森（Cathy Davidson）解释道，在人们需要休息之前，不受干扰并保持注意力集中的时间最长可达 20 分钟。在《哈佛商业评论》的采访中，戴维森谈到，为了能够表现得更好，我们需要偶尔的分心。她还说："当你把注意力从分散精力的地方再转回来的时候，这些小小的分心确实能让你的大脑焕然一新。"[2]

但是，虽然有研究表明，在日常工作中，偶尔的分心或被干扰，可能大约每 20 分钟出现一次，这对我们的整体效率和表现会产生积极的影响，但是，我们也清楚地看到，当分心或干扰发生得过于频繁时，当它们的发生开始让我们不知所措时，或者当它们为大脑带来的不只是短暂的休息时，我们就已经偏离了实现目标的最短路线，而我们的表现也会因此受到影响。

引起工作中分心的一个关键性变化是，当今的科学技术提供了许多产生分心的机会。在 10 年前，如果你正在计划一个假期，那么，你可以上网查看航班和酒店的信息及价格，查阅世界各地的景点及餐厅介绍，除此之外也就没有更多可以做的了。然而，在今天，你可以通过 Facebook 看到朋友的动态，他们可能会张贴一些有关你的旅游目的地的信息；你可以在网上读到其他旅客对当地的每一家商店、餐厅和酒店的评论；你还可以与当地居民进行在线交流，获得他们的推荐；你甚至可以使用"空中食宿"网站提前预订房间或公寓。虽然这些额外的信息可能会对你非常有用，但是读完这些信息需要大量的时间，这样就会让你陷入自我干扰之中。同时，马克教授在这方面的研究结果显示，自我干扰占总干扰的 44％。

社交邮件软件厂商 Harmon. ie 的调查表示，大多数（57％）员工的工作会因为使用电子邮件、社交网络、短信、即时通信工具以及这些工具和应用软件之间的窗口转换而被打断。Harmon. ie 的首席执行官雅科夫·科翰（Yaacov Cohen）表示："原本被设计用来节省时间的信息科技，现在却做了相反的事情。"[3] Harmon. ie 通过调查还发现，53％的员工每天会因为各种事情的打断而至少浪费 1 小时。不仅如此，该调查还显示，员工平均仅工作 15 分钟就会受到电子设备的打扰。[4]

虽然，各个年龄段的员工在工作中都会受到电子干扰（受到电子产品的影响而导致分心），但是其中年轻人和技术人员受到的干扰尤为严重。有关这个问题的研究表明，出生于 1980—1985 年的员工受到的电子干扰是出生于 1960—1969 年的员工的两倍。那么，是什么导致他们工作分心呢？其中最主要的一个原因就是互联网。[5] 当然，在工作场所一直都会发生很多让人分心的事情，这也并不是什么新鲜事。在过去，人们受到的典型干扰是与朋友的电话闲聊或与同事聊电视剧的情节，如今，这些干扰已经被短信和其他电子通信方式所取代。

虽然电子设备对人们工作的干扰在呈倍数增长，但是它们只是众多工作干扰源中的一个，而这些干扰源早已成为工作场所的一部分，即使没有几百年，也已出现了几十年。Ask. com 公司就什么是工作中最大的干扰因素这一问题，对 2 060 名美国成年全职员工进行了调查，结果显示，63％接受调查的员工选择"吵闹的同事"，其中 40％的受访者表示，如果同事停止在办公室内或者办公桌边聊天，他们就可以完成更多的工作。[6]

当干扰变得无法抵挡的时候，就会产生绝对性的负面影响——无论是对员工、对同事和团队、对顾客和供应商，还是对他们努力经营的公司来说，都会产生极其负面的影响。

创建公司

当我正在筹建自己的公司 Blind Ambition 时，突然有一天，我发现自己被忙碌击倒了，这让我感到沮丧。我当时在家里——附近没有健身房，离公司也较远——躺在床上用枕头盖着头。我拨通了在我生命中最重要的一个人——珍妮特姨妈——的电话。

我向她描述了我的现状。我清楚自己常常会出现钻牛角尖的情况。虽然现在我已经摆脱了经济方面的负担，社会保险方面也已经有了着落。但是，我唯一无法解决的就是身心的疲惫感。作为一名初出茅庐的公众演说家，我每个月都要飞到几个不同的地方进行演讲。过多的飞行计划会让我没有时间参加训练。我觉得当前的生活与我的目标相冲突。我需要将更多的时间投入到训练中，并且要立刻采取行动。因而，我辞去了朝九晚五的工作，为了成为一名优秀的公众演说家，我要自己去支付税费等一切费用，还要利用一些时间做收入并不高的演讲，以便让更多人有机会了解我。为了实现这个目标，我不能放过任何一个机会。

珍妮特姨妈向我提出一个问题："你认为，一位连自己的目标都不明确的励志演说家能够给这个世界带来多大的影响呢？"我从来没有认为自己是一名励志演说家，但是尽管如此，她的话确实也说到了重点。如果我想要在公开演讲中讨论目标实现的话题，那么我首先必须要努力地实现自己的目标。我的最高目标是改变人们对残疾人的看法。所以，要想达到这个目标，我需要保持健康的饮食习惯和充足的睡眠，还要照顾好自己。

我的第二个目标是为妹妹在 2014 年 8 月的婚礼做准备。为了这个目标，我不仅仅需要送上祝福，还要付出时间、金钱和精力。最后，我的第三个目标是保持在专业上的持续发展与学习，以确保我所拥有的技术足以赚钱养活自己。作为一名公众演说家、工程师、项目经理，我希望自己能够在这条三者兼顾的道路上一直发展下去。然而，对我来说，如何保持这三者间的平衡是一个重大的挑战，所以就需要一套切实可行的办法来解决这个问题。

在一个完美的世界里，我们的目标都是相互独立的。然而，遗憾的是，在现实生活中，我们的目标是与我们的基本需求联系在一起的。我们都不可避免地面临着第二目标和第三目标间的相互竞争，因为每一个目标的实现都需要我们付出相应的时间和精力。所以，在这种情况下，我们常常会感到自己在很多事情之间周旋——当你刚刚接手一件紧急的事情时，另一件更加紧急的事情就会接踵而来。

我过去常常会认为，当我在人生中的某个方面取得成功时，必然意味着自己会忽视其他方面。所以，我觉得要想同时兼顾多个目标，只能通过每天工作 20 小时和无休止地埋头苦干来实现。

我觉得自己受制于有限的时间与精力——当我向前推动一件事情的同时，另一件事情的进度就会被拖后。这样的拉锯战会对我的健康状况产生影响。因而，我开始意识到集中精力的价值。幸运的是，集中精力是一个可以通过学习获得的技能。不仅仅是精力，人们的意志力也可以通过训练提升——就像锻炼肌肉一样。因而，通过每天的练习以及培养良好的生活习惯，我能够在取得成功的同时，让工作变得更加轻松。

虽然，同时处理多个任务会让我们无法集中精力，但是，我们可以将一天的时间划分成几段，然后只需要在每个时间段将精力集中在一件事情上，这样就可以让我们在日常工作中实现同时处理多个任务的目标。因而，你现在首先需要做的就是集中精力，将所有任务按顺序排列起来。然后，依照这个顺序规划你的时间，并确定每个时间段需要实现的特定目标是什么。最后，集中精力分别去完成这些目标。

接下来，你又将如何管理自己的第二目标和第三目标呢？只有在完美的世界里，我们才能自由地将自己的精力全部集中在一个目标上，同时免受其他目标的干扰。但是，在现实生活中，如果我无法如期地支付租金、维护良好的人际关系、维持日常生活，那么，为了残奥会而参加训练将会变得更加困难。所以，如果我能够真正地只专注于一个目标，并且相信自己的需求将会得到满足，那么，我确信自己因此而承受的压力也会降低。

当我建议你沿着最短路线向前奔跑时，其实我想要说的是，你需要利用自己最主要的燃料目标、火焰目标和光辉目标来帮助你判断，是否你日常所做出的任何努力都有助于实现自己的最终目标？是否你会受一些事情的约束，从而阻碍你实现自己的最终目标？可能你所做的这些事情只是出于习惯，但是，如果这些行为无法帮助你实现自己的目标，那么，你就应该摒弃它们。去掉一切不必要的步骤，保存体力，这将有助于你更好地实现自己的燃料目标。

2009 年，微软提供给我一份全职工作。对于大多数信息技术行业的人来说，这是一份梦寐以求的工作——尤其对于那些已经在小公司工作了几年的人来说，这简直是他们人生奋斗的首要目标。然而，对于我来说，事情却全然不同。在这个过程中，我并没有陶醉于自己的好运气，而是在不断地质疑所有事情，包括职业道路的选择、就职公司的选择以及整个人生的目标。我的这种行为显然是很不正常的，因为大多数人在45 岁左右才会经历中年危机，这个时候他们才会质疑自己为之奋斗多年的人生，然后，他们往往会在这个时候对事业、家庭和朋友等做出重大的调整。但是，我那时才 27 岁——离我的中年时期还有很长一段时间。

不断地自我质疑，让我觉得工程师这个职业或许并不适合我，我也并不适合在微软这样的公司工作。从那时起，我便开始在非营利性行业从事研究工作，尤其是致力于为发展中国家提供清洁饮用水的慈善事业。我当时正处于人生中一个重要的十字路口，而且我确实没有意识到的是，当时迅速做出的决定，将会对我的未来产生多么大的影响。我来到了人生的关键时刻，做出了改变人生旅程的决定，因而我现在拥有了与两年前完全不同的人生。

2007 年，我前往菲律宾塔克洛班展开了一场为期 4 周的旅行，遗憾的是，这个地区在 2013 年 11 月被一场名为"海燕"的台风所摧毁，这是一场历史上最强的台风。菲律宾的大多数地方都很贫穷，塔克洛班也不例外。我自愿留在当地的一家孤儿院，成为那个村庄里唯一一位来自美国的白种人。当我的生活态度由自甘堕落转变为积极向上之后，我发现，原来我可以为他人和社会做出如此大的贡献，所以，在当前这种情况下，如果我无法为国际社会献出自己力所能及的一份力量，那么我认为这是一种不负责任的表现。这次旅行让我备受鼓舞，我开始尽可能地奉献出自己的时间和金钱。

在那里，很快我便意识到在发展中国家真正的生活是什么样子的，那样的生活其实并不美好。我住在一间用皱折的金属作为墙壁的两居室里，里面一共住了 15 个人，他们称这个地方为"家"。像大多数的美国人一样，我习惯于拥有很大的个人生活空间，然而就当时的情况而言，我花了差不多一两天的时间才适应了那里的狭窄空间。虽然，这里的人确实非常贫穷，但是他们却拥有着强烈的社会感和家庭感，这让我立刻对他们产生了欣赏和喜爱之情。他们能够充分利用现有的一切让生活变得更加幸福。

在这个孤儿院里一共有 50 个孩子，他们的年龄都在 5 岁以下。这让我认识到了问题的严重程度。这些孩子几乎是无法生存下来的——他们无法适应社会的生活，也得不到任何关心——孤儿院里的两名工作人员用极少的资源，竭尽所能地为孩子们提供尽可能多的照顾。其中，残疾儿童的状况尤其糟糕。孤儿院里有一张超大的婴儿床——其实是一个笼子——是为了那些特殊的孩子而准备的。令人心碎的是，我在这里第一次亲身体会到什么是真正的绝望。

这些孩子一无所有。我最珍贵的记忆是他们收到牙线时欢欣鼓舞的情景。他们喜欢拿一条长绳子，将其中一端绑在一只会飞的甲虫上，然后他们拉着绳子的另一端像放风筝一样放飞甲虫。对于这些孩子而言，这比得到一台新的游戏机还要开心。在那里，我帮助他们练习走路；我扶着他们的小手，就好像他们第一次学习如何保持平衡一样。

我的规定志愿时间是每天 4 小时。但是，这里的一切都让我无法自拔，所以，我在这里至少待了 1 个月，每天都会与这些孩子相处 16 小时。最终，我必须回微软工作了，但是，当我带着全新的认识返回到自己曾经生活的地方时，我发现，相对于那些孩子而言，我真可谓是过着奢侈的生活。我尽情感受着家里的一切，干净和柔软东西，以及因为可以上锁而让我备感安全的房子。我感到自己是如此幸运，可以免受日常生活中那些苦难的折磨。

同时，这也引发了我对人道主义工作的尊敬。虽然，我非常感激自己能够拥有如此"奢侈"的生活，但是这样的生活却开始让我感到空虚和失落。曾经，我对自己职业生涯的规划是，既能够保障我在经济上的需求，也能够实现我想要参加人道主义工作的愿望。但是，现在看来，在非营利性行业工作似乎更适合我，所以我参加了西雅图大学设立的夜间学位课程——非营利组织的执行领导学。学习这个课程，是因为我想要为最终成为一名非营利性组织的领导人做准备。

2009 年，进入研究生阶段的学习后，我决定参加人生中第一个铁人三项赛，普莱西德湖铁人三项赛。当时，我并没有意识到，参加铁人三项赛需要付出比参加马拉松比赛更多的努力。

当时，我白天在微软工作，晚上参加研究生课程的学习，与此同时还要为铁人三项赛而进行训练。这些完全超出了我的承受能力——当时的我已经在很大程度上偏离了自己的最短路线。现在回想起来，我甚至都不知道自己是怎么熬过那段时间的，最终我确实做到了。我的时间表被塞得满满的，从凌晨 4 点一直到第二天的凌晨 1 点。

就这样，我成功地完成了普莱西德湖铁人三项赛和得克萨斯州铁人三项赛，但是我也为此付出了沉重的代价。2011 年，在我完成 5 月举行的得克萨斯州铁人三项赛后，又参加了 9 月举行的世界锦标赛。如此密集地参加比赛让我感到疲惫不堪。完成锦标赛回来后不久，我就被诊断出患上了肾上腺疲劳综合征。我从过去每晚仅睡 3 小时，变成现在每天都需要睡 14～15 小时。而且，我花了两年的时间才完全康复。

从这件事中我得到的教训是，我应该为自己建立一个明确的光辉目标，然后集中所有的精力去实现它。如果运动是我人生中最重要的部分，那么，我就需要找到一个职业能够支撑我的运动生涯。但是，像其他人一样，我也需要通过赚钱来支付自己的日常开销。所以，我决定建立自己的公司——Blind Ambition。Blind Ambition 是一家帮助他人追求并实现自己目标的公司，组建公司的过程让我产生了一种使命感。成立自己的公司，不仅能够让我的日常训练变得更加灵活和高效，而且，还留给我更多的休息时间，这可以帮助我更好地实现自己的运动目标。这对我来说是再好不过的了。

通过为自己制定并实施燃料目标、火焰目标和光辉目标，我可以明确地辨别出，自己每天所付出的努力是否有利于提高我的生活品质。

无论你的光辉目标是什么，都要对自己正在做出的努力不断地反思。忙碌并不意味着你正在逐渐接近自己的目标——事实上，你也许会离自己的目标越来越远。我经常看到人们过着过分忙碌的生活，这样的生活方式反而会增加他们实现最高目标的难度。

在实现目标的过程中，会出现一些必要的，但是与最终目标的实现又毫无关系的任务。我们并不是在任何时候都有选择的权利。对于这些任务，我想要说的是，如果它们有助于你实现自己的燃料目标、火焰目标和光辉目标，那么就要用心去完成它们。但是，如果这些任务无法帮助你实现自己的最终目标，但是你又必须要完成它们，那么这就需要你仅仅去完成这些任务，而不要再投入额外的时间和精力。为了实现自己的最终目标，你要时刻掌控自己所付出的时间和精力。而且，很多时候你只要付出适当的时间和精力就足够了。

然而，事实上目标是无法单独存在的。我们都会拥有自己的第一目标、第二目标和第三目标。我建议你依照优先顺序逐个处理。第一目标应该是你所有目标中最为重要的，一旦你弄清楚了自己的第一目标是什么，你就需要确定实现这个目标需要采取哪些必要的行动。例如，如果你的第一目标是让孩子更加健康和快乐地成长，那么你就必须为他提供足够的食物。你需要在一天中留出固定的时间来完成必要的"工作"，从而保证你的孩子能够更加健康和快乐地成长。

以同样的方法实现你的第二目标和第三目标。为每一个目标都建立起相应的燃料目标、火焰目标和光辉目标。然后，根据你已经掌握的所有信息，合理安排好自己的时间。

将最短路线原理运用到工作中

我最主要的光辉目标是，通过在运动方面取得与健全的优秀运动员同等程度的成就，为残疾人树立一个榜样，从而改变当今社会上人们对于残疾人的看法。我的第二大光辉目标是，将我所有的经验都用来帮助他人实现自己的最高目标。我的第三大光辉目标是，作为默泽多技术总监的顾问，帮助公司不断前进。虽然需要同时管理多个光辉目标，但是我发现只要能够遵循最短路线原理，就可以避免不必要的损耗，而且可以创造出有利于自己集中精力的环境，从而提高自己的工作效率。

那么，我是如何做到这一点的呢？

首先，我需要把一天或一周的时间分成几段。然后，为每一个时间段制定一个明确的目标，即明确每一个时间段分别能够完成哪个任务。例如，如果我决定早上9点到11点做与技术相关的工作，那么，我就需要严格遵守燃料目标、火焰目标和光辉目标的要求，从而确保自己能够集中精力完成这部分工作。与此同时，我制定的这个目标应该是明确的、可以实现的，并且是我预期能够在那个时间段内完成的目标。这个目标可能是在一个新的市场上，基于现有的市场结构来完成一个综合性的研究；或者是对一种我们目前尚未使用过的，但是有可能会被使用在新市场上的技术进行差异性分析；又或者仅仅是一个简单的，跟进并保持与客户间联系的目标。最重要的是，这个目标在规定的时间范围内必须是一个具体的并且合理的目标。

有些人认为他们可以将自己的精力同时集中在多个任务上，从而实现任务的高效处理。但是在现实生活中，这其实是不太可能会出现的情况。2010年法国国家健康与医学研究院的研究结果表明，人类大脑可以同时处理的任务数量是有限的。那么，这个有限的数量是多少呢？仅仅两个。如果同时处理两个以上的任务，那么出错的概率就会大大增加。斯坦福大学的研究员克利福德·纳斯（Clifford Nass）在实验中发现，相对于那些在一段时间内仅将精力集中在一件事情上的人来说，那些习惯同时处理多个任务的人的大脑使用效率会更低。所以，他建议不要每一两分钟就切换一次任务，而是应该先拿出20分钟的时间，集中精力处理一件任务，然后再切换到下一个任务。[7]

记住，当你的注意力在两个目标之间相互转移时，你最多只能获得预期效果的 50%。想要沿着最短路线前进，就要保持精力集中，避免损耗，并不断前行。以下原理，有助于我们始终沿着最短路线前进：

第一，规划路线。对于你的每一个光辉目标，都要写下短期内需要自己完成的重要任务，从而帮助你实现自己的火焰目标。一旦你列出一些重要任务，就可以分辨出哪些步骤或活动是可以被取消或者推迟的。在开始的时候明确步骤，减少损耗，能够让自己接下来的工作更加高效。对于我的光辉目标而言（能够让我所在的机构有机会成为市场上的第一名），重要的任务是，了解项目的合规性、现有的市场基础结构，以及我们的竞争对手。而不重要的任务是，了解政府的基础设施、教育体系和非相关人口统计的详细内容。虽然，追求这些不重要的信息似乎会增加我的研究深度，但是，这并不会影响我将新技术带入移动市场的决定。最终，我可以通过这些重要任务，帮助自己分辨并取消第一阶段中的一些步骤，从而降低损耗。

第二，将行动与目标联系起来。首先，要详细地列出你有能力实现的重要目标，它们应与你的光辉目标紧密相连。其次，一定要将为了实现这些目标所需要完成的重要任务罗列出来，并时常对其进行更新，因为它们的实现有助你最终完成自己的光辉目标。例如，为了实现我的光辉目标——为默泽多公司在新兴市场寻找新的机会——需要采取的行动包括：市场研究、建立新的人际关系，以及竞争分析。

第三，规划时间段。回顾你的日常时间表，寻找机会为自己留出一段时间，让你能够集中精力完成与特定目标相关的重要任务。然后，你将会惊讶地发现，当你集中精力时，即使只有 30 分钟也能够完成很多事情。最后，你需要确定的是，在每一个时间段分别能够完成哪个任务。而且，每一个时间段都应该有一个明确的目标。

　　为了能够成功地同时处理多个重要任务，我尽可能地遵照最短路线原理来管理并使用自己的时间。对于我来说，如果想要成为默泽多公司的一名出色的技术顾问，那么，我的光辉目标就是，通过提供技术评估和极尽完善的解决方案，帮助默泽多公司在新兴市场上迅速发掘出新的市场机会。然后，为了完成这一光辉目标，我需要为自己制定出相应的火焰目标：提供优质的研究成果、与相关利益人进行全方位的对话、研究并采纳各方建议以及协调技术解决方案。相应地，为了完成这些火焰目标，我的燃料目标为：自学新技术和新市场的相关知识、研究竞争解决方案以及促进与客户间持续有效的沟通。因而，如果我们想要遵守最短路线原理，那么，就需要为自己安排好能够集中精力工作的时间，设定明确的目标，明确自己对实现每一个具体目标的责任，并在降低损耗的同时，时刻保持着前进的动力。

　　经常有人问我：一旦你确定了自己的目标体系，那么你将如何平衡这些不同的目标？首先，我会将所有目标按照优先顺序依次排列，去掉其中不符合要求的目标，这会为我接下来的目标实施阶段节省出一些时间。然后，规划出充足的时间来实现自己的目标。例如，在我的个人生活中，我的首要目标是善待家人。那么，在一周中我会专门留出一些时间，主要用来给家人打电话、发邮件或者帮助他们做任何需要我帮助的事情。在这段预留给家人的时间内，我不会谈及或者想起任何与训练和工作相关的事情。而且，对我来说，这几个小时中唯一重要的事情，就是做好一名家庭成员。

　　接下来，我为自己的第二目标预留的时间是开始工作之前和结束工作之后，即早上5～8点和晚上5～8点，这两个时间段将完全用来为参加比赛而进行训练。在这段时间内，我唯一的目标就是竭尽全力地推动自己的运动生涯不断前进。

最后必须要说的是，每天上午 9 点至下午 5 点，我都将精力集中在我职业生涯的第三大目标上，而且必要的时候我会延长时间继续学习相关知识。在我的人生中，一共有两个重要的时间段能够让我持续不断地进行学习。一个是赛季结束后的那段时间，大概有一两个月，我可以从训练中抽出几个小时进行学习。另一个时间段则要根据实际情况自己争取，在日常的工作与生活中，尽可能地抓住一切学习机会。

时间的多少固然重要，但是更重要的是如何使用这些时间。这里所说的就是工作效率。如果在一个安静的、没有打扰的地方可以更好地工作，那么，你就要想办法为自己创造出那样的环境。如果你可以在自己的能力范围内，实现工作效率的提高，那么，你就要通过各种方法来提高自己取得成功的能力。如果关掉手机可以让你更专注于工作或者让你与同事间的沟通更有效率，那么，就请你关掉那些设备，减少在工作中让你分心的事物。无论这对你意味着什么，都要让自己的时间变得更加高效且更有意义。

在现实生活中，我经常会听到各种有关"实现目标"的陈词滥调："目标不够伟大"，"人们知道怎样制定目标，但不知道如何实现目标"，"你应该少说多做"。

我完全不同意这些说法。

我们无法界定哪一个目标是小目标。只要这个目标对你而言是重要的，那么它就不能被称为小目标。不要让自己陷入这样一个陷阱：认为设定目标是为了引起他人的注意。同样，也不要让自己生活在别人的看法里。

我们的第一目标、第二目标和第三目标都很重要。而且，随着目标的不断增加，它们的价值也会越来越多地被人们所了解。我相信积极心理学能够为人们带来正面的影响。幸福将使人们获得成功，但是成功却不一定会让人们感到幸福。因此，成功并不是人们获得幸福的必要条件。随着人们取得的胜利不断增加，由此而带来的快乐和自豪感也会不断增加。对于我来说最重要的一个成就是，我曾经跑完的人生中第一个 1 英里。我相信，除我之外，没有人会因为这样一个成就而如此自豪，但是对于我来说，它却改变了我的人生。当我迈开脚步，开始跑人生中的第一个 1 英里时，我想要向自己证明的是，我有能力完成那些自己从未想过能够完成的事情。这不仅让我向自己证明我并不脆弱，而且证明了那些否定我的人——他们认为我所付出的一切努力只不过是为最终的失败而做的准备——对我的看法是错误的。那些看似很小的目标，或者不够大、不够重要的目标，都有利于我审视自己的当前状况。实现这些目标，会让我更加相信自己，让我重拾信心并提升自我价值。

当我跑完人生中的第一个 1 英里后，跑步就成为我人生中不可或缺的一部分，随后我便报名参加了半程马拉松赛。我与几个朋友一起为了比赛而进行训练，我逐渐地开始享受这个过程。在这个过程中，我看到自己的身体状况和生活质量都获得了很大提高。而且，让我感到兴奋的是，我能够更好地掌控自己的未来。但是，我却不知道如何为自己设置一个时间目标。因为我从来没有测试过自己跑完 1 英里需要多少时间，所以我也不知道该如何进行相应的训练。我只是在不停地跑，慢慢地跑。2002 年，我参加了波特兰半程马拉松赛，大约在比赛开始的前一个星期，我无意间听见了一些人的谈话，他们与我一样也在为参加这场比赛而准备着。我听到其中一个人说，她的目标是 90 分钟完成比赛。所以，我决定将自己的目标也设置为 90 分钟，而制定这个目标的缘由仅仅是我无意间从一位经验丰富的选手那里听到了她为自己设置的目标。

　　比赛当天，我的表现很出色，总用时为 1 小时 45 分钟，仅差 15 分钟就可以达到我为自己设置的目标。而且，根据健全运动员的标准，我将有机会凭借这个成绩参加波士顿马拉松比赛。但是，我却因此而感到失望和悲伤。我感觉自己像是一个失败者。为什么？因为我为自己设置了一个不合理的目标，这注定会让我以失败告终。这个目标的设置没有参考任何实际情况，也没有建立在我对当前任务的理解上。这完全是一个基于他人的期望而设置的目标。我知道，只有基于自己的实际情况而设立的目标，对于我来说才是有价值的目标。所以，直接采用别人的目标很有可能会导致失败。

　　当你正在设置一个目标时，可以通过一些研究了解到哪些因素与你的目标相联系。例如，就我而言，跑完每 1 英里所使用的时间就是一个很好的参考指标，它可以被用来帮助我进一步提升跑步成绩。如果我想要进入专业跑者的行列，那么通过偷听他人的谈话来为自己设定目标，这种做法是不可取的。我并没有庆祝自己出色地完成了人生中的第一个半程马拉松赛。虽然这对我来说是人生中的一次重大且积极的改变，但是，我却感受不到开心与快乐。我努力地训练并获得了一个不错的成绩后，但是，除了对自己感到失望之外没有其他任何感觉。而让自己感觉失望不会帮助我取得长期的成功。

　　不要基于别人的优势或劣势来设定你的目标。要基于你的实际情况（例如，过往的经历、可以用来进行训练的时间及其他一切可以获得的信息）来制定自己的目标。对于那些鼓吹少说多做的人，你大可以忽略他们。你还要学会深思熟虑，反复思考并琢磨自己的计划，这将有助于你取得成功。除此之外，在实现目标的过程中为自己设立里程碑，这将有助于推动你更加努力地获取最终胜利。同时，也不要错过那些小成就带给你的快乐。随着你所获得的小成就越来越多，你将逐渐走上一条全新的、引领你通往美好未来的道路。在这条道路上你将会获得自我价值的提高、对生活充满更多的希望，并且感激你所做出的一切努力。最终，让自己拥有一个意义非凡的人生。

小　结

● 为了避免花费不必要的时间和精力，你需要沿着最短路线前进——这是你实现目标的最短距离。

● 为了沿着最短路线前进，你不仅需要将自己的精力全部集中在当前的任务上，而且还要避免在日常的工作和生活中遭受干扰，因为许多干扰将会持续不断地分散你的注意力。

● 为了使你获得更好的表现，每20分钟就需要进行一次简短的休息。这会让你的大脑更加清醒。

● 收起你的数码设备（智能手机、平板电脑等）。避免因为受到以下事物的影响而分心，包括电子邮件、短信、社交网络、即时通信等。

● 创造时间来完成为自己设定的目标，将每天或每周的时间分成几个时间段。然后，为每一个时间段都设定好明确的、有针对性的目标。

● 同时处理多个任务是一个不可能实现的目标。不要试图同时处理多个任务，而是先拿出20分钟集中精力处理一个任务，然后再进行下一个任务。

● 想要沿着最短路线实现自己的目标，就需要（1）规划路线；（2）将行动与目标联系起来；（3）规划时间段。

● 不要为了引起他人的注意而制定目标。你只需要制定一个对自己而言重要的目标，并且这个目标必须让你想要竭尽全力地去实现它。

　　● 当你正在设定一个目标时，可以通过一些研究了解到哪些方面是与你的目标相联系的。而且，目标的设定要完全基于自己的实际情况。

第六章

抵达终点线之前请不要停下脚步

你要以比其他任何人所期待的更高的标准去承担责任。

——亨利·沃德（Henry Ward）

　　我们都肩负着一项责任，即通过我们的能力来挖掘出自己最大的潜力。所以，我们常常会面对着一些选择，它们既可能帮助我们接近目标，也可能使我们远离目标。如果我们当前的任务是集中精力实现自己的最终目标，并且锁定这个目标直至完成所有的后续工作。那么，这就需要我们集中精力并勇于承担责任。但是，最为重要的还是需要我们诚实地面对自己。

　　为了参加普莱西德湖铁人三项赛，我需要在固定自行车（一种训练用的参赛自行车）上投入无数小时的练习。当时，我住在西雅图，连绵不断的雨天让我很难有机会到户外去，因而也就无法与瑞贝卡（Rebecca）教练一同进行双人自行车的户外训练。当时，我所拥有的唯一运动装备是心率监测器，当我的心率高于或者低于设定的区间时，这个仪器就会发出"哔哔"的声音。因为视力问题，我无法自己设定心率上下限，所以，我时常会请其他人来帮助我，但是，他们帮我设定的心率区间多少都会有一点偏离我的正常心率水平，当然，偏离的多或少完全取决于最近一位帮我设定仪器的人。

　　配备一个心率监测器是非常重要的。如果能够配备一个自行车功率计，那就更棒了。对于你付出的努力和运动的强度，这个仪器都能为你提供实时的数据反馈。但是，问题在于，在没有人监督的情况下，你实际上又会付出多大程度的努力呢？记住，对于你所付出的努力，唯一的受益人将会是你自己；同样，如果你不努力，唯一的受害者也将会是你自己。但是，当我们身处不被注视的环境时，我们中的大多数人都会松懈下来，都不会再像处于众人注视下一样继续努力地工作。这是人类的本性。

拖延和跟进

制定一些目标，希望在你的事业、职业以及生活上都因此而获得一些好的进展，虽然这个计划听上去非常不错，但是，如果你无法跟进这些目标——向前推动并完成它们——那么，你所付出的所有努力、时间和精力，都很有可能到头来是没有任何价值的。而且，在这种情况下，你不仅会无法实现自己的目标，而且很有可能因为"失败"而患上心理创伤，这会伤害你的自尊心、自信心，使你认为自己"只是还不够好而已"。在其他负面情绪的影响下，对于持续地尝试并完成新的任务或目标，你会产生犹豫和抗拒的心理。

那么，为什么有些人能够越过终点线，而有些人却不能呢？为什么有些人看似很容易地就实现了自己的目标，而有些人却似乎从未实现过目标呢？就这些问题当前已经有了大量的科学研究，主要涉及两个方面：完成任务的本质和为什么有些人在完成任务之前就选择了放弃，甚至在任务开始之前就已经放弃了。这个研究的其中一个重点就是拖延。

简单来说，拖延就是将一件事情拖到一个更晚的时间再完成——可能是几分钟、几小时、几天或者更长时间。众所周知，当我们出现拖延的行为时，就意味着我们并没有努力地去完成自己应该完成的任务，而且这些延期的工作很有可能会拖我们的后腿。然而，当我们终于完成了这些为自己设定的任务时，你会发现与其他当前任务相比，它们已经变得没有那么重要了。

心理学家阿尔伯特·艾利斯（Albert Ellis）对拖延的本质描述如下：你愚蠢地拖延一件事情，然后再将它一次又一次地延后。这是为什么？因为你（愚蠢地）认为："我可以晚一点再做这件事。如果晚一点，我会更容易并且更好地完成这件事。"或者你认为："我必须要完美地完成这件事，我现在的状态不好，不能很好地完成这件事！所以，我要晚一点再做。"[1]

当然，我们总是会时不时地拖延时间。当你长时间将精力集中于一个特殊的任务上时，偶尔的休息事实上能够帮助你在接下来的长期工作中表现得更好，这样能够给大脑一个快速休息的机会，尤其当我们需要在较长的一段时间内保持精力集中的时候。然而，当我们拖延时，当前最重要的事情便是，什么时候才能够继续完成这个任务？我们可能永远都不会完成这个任务，或者我们可能最终完成了它，但是，因为没有按时完成，会让这项任务失去或减少原本的价值。

研究表明，在1978年仅有5％的美国人承认他们患有慢性拖延症，而如今这个比例已经上升至26％。另外，40％参加调研的人表示他们曾经因为拖延而造成自己的财物受损。还有20％的人表示，拖延在一定程度上已经控制了他们的生活，这会为他们的工作、人际关系以及身体健康带来一定的负面影响。虽然，有些人确实非常享受在最后一分钟完成任务的那种肾上腺素激增、努力向前冲刺的感觉（这是由于你已经将这件事拖延了一段时间而导致的）。但是，大多数的调查结果表明，拖延会对人们的幸福造成负面的影响。拖延研究组织在一次调研中问道："拖延对你的幸福会造成多大的负面影响？"其中，46％参加调研的人认为"非常多"和"相当多"，另外18％的人表示，拖延已经对他们的生活造成"极其负面的影响"。[2]

那么，我们为什么会拖延，为什么有些人比其他人拖延得更严重呢？

科学家们发现的证据表明，生理上的原因为拖延的产生埋下了伏笔，当然还有其他一些因素，如心理状态、生活环境及家庭教养，它们都会导致拖延的产生，无论你是否愿意，你都可能已经被拖延操控了。对于那些极为严重的拖延者来说，大脑的边缘系统支配着前额皮质，它通常自动地运行，与大脑的"快乐中枢"很好地连接在了一起。借用心理学教授蒂莫西·皮切尔（Timothy Pychyl）的话，大脑的边缘系统更有助于"即时情绪修复"。边缘系统是大脑的执行区域，能够支配着人们完成任务。[3] 因而，为了完成任务，我们必须要做出有意识的努力，这样才能让前额皮质参与进来，从而有助于我们最终完成这些任务。然而，对于大多数人来说，这显然是说起来容易做起来难。

除了我们的生理机能，还有很多理由可以说明我们为什么会拖延。包括：

- 对失败有着根深蒂固的恐惧感。
- 被艰巨的任务弄得不堪重负。
- 无法将注意力长期保持在任务上。
- 在最初设定任务和目标的时候并不心甘情愿。
- 想要避免做那些过于困难或者让人过于讨厌的任务。
- 目标不清晰或者处于不断变化的状态。

幸运的是，你不必成为一名拖延行为的受害者。因为通过采取积极的行动，拖延是可以被战胜的。这里为你介绍一个 7 步战胜拖延的方法，能够帮助你达到终点，并最终实现为自己设定的目标：

1. 确定你最重要的、需要优先考虑的事情。

2. 确定你为了完成这件事情所需要采取的第一个步骤。

3. 确定一个明确的开始时间和执行时间段——完成这件事情可

能需要 5 分钟，可能需要 5 小时，也可能需要更长的时间。将这些时间都记录在你的日程表里。

4. 为了方便管理，将你的任务分成几个部分，这样你就可以更快、更简便地完成它们。当你完成了以上列出的这些步骤时，就为自己实现更大、更宏伟的目标积攒了动力。

5. 想要打破拖延的僵局，就要严格按照你记在自己日程表上的开始时间，准时地迈出自己的第一步——一分钟也不能晚。避免干扰会让你准时地开始自己的任务。

6. 按照记在日程表上的执行时间段，持续不断地为完成任务而努力。如果你发现自己在完成任务的过程中受到了干扰，那么你就需要重新调整自己，并让自己尽可能快地重新回到任务的执行中去。

7. 如果你继续出现拖延的情况，那么，请重新评估这个任务以及它在你的任务列表中的优先等级。是否完成这个任务对你来说真的非常重要？重要或不重要的原因？你是否应该将注意力转移到其他更需要优先处理的事情上？

一旦你超越了自己对拖延的自然倾向，打破僵局并且开始着手自己的任务，接下来，你可以通过以下几个方面来提高自己对任务的后续跟进能力。你要对自己承诺，直至任务完成都不会选择放弃。

● 设定明确的时间总长度，每天都要将已分配好的、固定长度的时间用来完成自己的任务。

● 将你的任务或目标告诉其他人，并且要求他们时常查问你的任务进度。

● 为自己尽可能创造一个无干扰的环境。

● 抛开一切束缚去完成任务。当你开始某项任务的那一刻，你所有的疑虑和借口都将消失。

● 当成功不断到来时，要保持正确的方向继续前进。不要因此而改变自己的目标或停下脚步，直至你的精神或身体无法再继续支撑下去为止。

● 在完成任务或目标的道路上，每当你取得一个特定的成就时，都应该奖励一下自己。散散步休息一下、享用一个冰淇淋，或是用一些简单而充满创意的方式庆祝一下。

铁人三项赛的经验之谈

当我为了参加普莱西德湖铁人三项赛而进行训练的时候，对于我来说，一个典型的星期六我要完成以下几个任务：在教练的指导下骑自行车6小时，接着在跑步机上跑步2小时，一共是8小时的艰苦训练——所有的训练都是在健身房完成的。这让我觉得，一位有抱负的、失明的铁人三项赛精英运动员的人生，与一只无目标的、视力正常的仓鼠的"人生"没有什么不同。正如你也许想过的那样，这场"战斗"对强大内心的要求远多于强健的体魄。在身体方面，我觉得自己的身体已经能够很好地适应这场比赛的要求。但是在心理方面，训练让我觉得非常无聊。因为我很少能够从其他人那里得到有关训练的指导建议，从某种意义上来说，我甚至已经不再期望能够获得他人的建议与指导。我感觉自己付出了大把的时间，但是我的努力却没能帮助我实现自己的目标。我有一位好友，她愿意听我分享对铁人三项赛的热爱。有一天，当我向她介绍一本我最近"阅读"的书时，她问我怎么还有时间"读"书，我回答她说，我可以一边进行自行车训练，一边"读"书。她很惊讶并说道："如果你还能在练习自行车的同时'读'书，那么，这说明你还不够努力。"

她说的是对的。

　　我从不认为自己的这个做法是不努力的表现。事后仔细回想一下，我确定自己在刚开始训练的一两个小时内是全身心投入的，但是，在那之后的时间，我的精神层面就开始变得松懈。这就好像我无法在整场比赛中始终保持着全速前进直至抵达终点。当前的训练，让我形成了这样一种比赛方式：比赛开始时使用全部的力量全速前进；一段时间过后，力量消耗，速度开始下降；当接近终点的时候，力量消耗殆尽，最后只能低速缓慢地冲过终点线。我从未想过自己会有不努力的时候。我认为自己在训练上付出这么多时间所产生的效果，足以满足实现我比赛目标的需求，但是，事实证明我的想法是错误的。

　　是否在一项任务上付出更多的时间，永远都会比付出更多的努力更为重要呢？不是，长时间的工作绝对不会比努力地工作获得更好的效果。但是，努力地工作又不如聪明地工作。在人生中的任何方面都确实如此——尤其是在职业生涯和公司经营方面。过去，我并没有努力地工作，也没有聪明地工作，只是长时间地工作而已。每周我都会进行室内自行车的训练，每当我克服训练带给我的无聊感，再一次坐上车座开启长时间的训练模式时，我都认为自己应该获得一枚荣誉勋章。付出努力能够让我们获得参加比赛的机会，然后继续努力才能够实现最终目标并取得奖牌。我第一次意识到，我过去所付出的所有努力都不是以获得奖牌为目标的，并且我非常后悔自己没能早一点意识到这一点。

　　如果你想要在赛道上赢得比赛，你就必须始终让自己保持全力以赴的状态直至比赛结束。如果你想要在事业上取得成功，那么在完成自己的目标之前就不可以选择放弃。直到你越过终点线，比赛才会结束；同样，直到你完全地完成工作目标，才能够取得事业上的成功。最终的结果将会说明一切。你应该努力去推倒那些触手可及的、阻碍你前进道路的围墙，为自己开创出广阔的发展空间和畅通无阻的前进道路。

当你想要放弃时（哪怕只是一点点），你的眼睛就会从奖牌上移开。而当你的眼睛从奖牌上移开时，你会变得容易分心，容易自满，或者完全失去自己的目标。如果你想要实现自己的最高理想，那么，你就必须集中精力并持续不断地努力。如果不能持之以恒，你只会渐渐地迷失自己的目标。每天都要问问自己：我能够为自己做些什么？我能利用什么工具来推动自己不断前进？我是否已经浪费掉了所有能帮助我实现目标的机会？最重要的是，我是否足够努力？

这些年来，为了弥补失明带给我的不便，我学会利用一些小工具和小技巧，让自己始终朝着目标前进。下面我将介绍 4 种方法来帮助你集中精力实现自己的目标，直至取得最终的胜利。

方法一：燃料目标、火焰目标和光辉目标——告诉你"为什么"

如果你想要取得成功，你必须与当前的目标建立并保持直接的情感联系。为了建立这个联系，你需要问问自己：为什么？选择一些在你的人生中重要的事情，然后用"为什么"的形式问出来，例如，"我为什么要去工作？"如果你的答案只是简单的"为了支付账单"，你的人生注定将毫无意义。如果你想要激励自己去实现最高目标，那么就要认识到，"为了支付账单"这个答案无法让你产生任何激情去实现自己的目标。

通过了解自己的情感，你会变得想要掌控自己获得幸福的能力，而且这种感觉将会涌进你生活的每一个方面。在我的人生中，我非常关心的一件事情是，为自己提供经济上的保障。虽然，有能力支付自己的账单是其中的一个关键部分，但我觉得更为重要的是自己和家人能够获得经济上的独立，以及由此而获得的安全感。当我的光辉目标是为自己提供经济上的保障时，有能力支付自己的账单就是一个关键的燃料目标，但是，在这个目标背后，我真正想要实现的是，为我和我爱的人创造出更美好的人生。

我的光辉目标之一是改变世界上人们对残疾人的看法。当全世界的人都不再惊讶于一位残疾人能够将事情处理得非常好的时候，那将是多么美好的一天。让我感到兴奋的是，自己有可能会使世界发生这样的变化。这个光辉目标足以激发我实现一些具有重要意义的里程碑，例如，完成高水平的赛事，以及呼吁人们关注那些取得成就的残疾人。想要完成这些火焰目标和光辉目标，我需要日复一日地付出努力并保持精力集中。当一个目标的实现使你备受鼓舞并感到兴奋时，集中精力对你来说将不再困难。有时候，最难的部分会在你最不经意的时候出现。想着你的光辉目标，然后回答这个问题："我为什么要这样做？这个目标为什么会对我这么重要？"

方法二：做出尝试

做任何有价值的事情都要付出努力——鱼和熊掌不可兼得，你无法既收获成果又不付出任何努力。尽管如此，有时也很难知道应该从哪里开始。迈出第一步是最难的部分，因为你很容易就会对当前积压的大量任务感到恐惧。而你所不知道的是，迈出第一步对你来说根本没有任何坏处。无论你选择从哪里开始，都需要坚持学习、吸取教训。有人说，当你迈出第一步时，已经完成了这项任务的90％。我完全同意这个观点。事实上，更进一步来说，我认为第一次尝试着去做某些事情，甚至比迈出第一步着手去做某些事情更为重要。

回想一下，那些让你感到恐惧和怀疑的时刻。再想想另外那些让你想要尝试一些新事物，或者让你感到正在做一些困难的事情的时刻。在这种情况下，为了使事情变得更加轻松，你必须要经过一段时间的技能学习与积累。但是，这个过程本身也很不轻松。然后，做出你的第一次尝试，这可能会让你产生冒险的感觉，但是它只会让你感觉到一点点的困难和失控。即使你的尝试并不顺利，你也可以通过一些经验的获得让自己更加接近最终目标。

每当我想到要开启一项新的任务时，都会感到不知所措，这时，我往往会列出三件需要完成但不需要优先处理的事情，然后不断检查这三件事情的完成情况。这样做能够使我摆脱惰性，从而推动我不断前行。如果你发现自己正在加速前行，那么，这时你就需要将这三件事放在一起来做，借此来减小你的压力。在完成它们的过程中，不要停止也不要休息，直至你完全地完成这三件事情。很多时候，这个方法足以让我顺畅地实现自己的目标。

如果，当你完成了清单上的三件事情时，发现自己的前进动力已经不足以让你实现目标，那么，你就需要继续列出另外三件事情，然后再完成它们，直至你看到自己在实现目标方面获得了有意义的进展。

为什么是三件事情？依我的经验来看，三是一个完美的数字，因为它并不是一个很大的数字，不会让人感到不知所措，但是，完成三件事又会让你很有成就感。我想要避免列出一个长的、复杂的任务清单，因为列出一张这样的清单需要不断地维护，并且可能会弄巧成拙。绝大多数情况下，你最终会浪费自己的时间和精力，将注意力集中在清单的维护上，而不是在努力地完成清单所列出来的任务上。

无论我们变得多么自信，我们都会在某些时候对自己产生质疑。我相信，我们中的所有人都经历过自我怀疑的时刻。人们常常认为我是一个勇敢的人。这意味着我必须要将自己的恐惧隐藏好。我常常因为工作和比赛而出差。想象一下，在没有任何原因的情况下，当我掉进一个四面都是白墙的迷宫里时，我会作何感想？我担心自己无法四处寻找出口。

我还担心自己无法从迷宫逃脱出去。但是，这时我会使用到的工具是，苹果手机上一款名为"记录行走方向"的应用程序。我为自己的独立而感到骄傲。相信我，当我说自己不害怕的时候，其实内心里怕得要死。也就是说，我向外界隐藏了自己的真实感受，因为我早已清楚地认识到，我需要拥有独立前行的能力。

当我正在面临着自己内心的恐惧，并且想要努力克服它的时候，我只需要让自己重温曾经面临过的、自我怀疑的感觉，以及我曾经是如何一步步地战胜它们的——这需要一步接一步地慢慢来，切不可心急。很快你便会发现，当你逐步地完成一千个小步骤之后，最终将会获得一个飞跃。当我们经历这些自我怀疑的时刻时，我们更需要提醒自己，经历过一些失败总好过将一大堆类似"我如果做了什么事情，就会怎么样"这样的话挂在嘴边。勇敢地做出尝试并战胜恐惧迈出第一步，远远好过在没有尝试之前便选择退缩。不要因为内心的恐惧，而使得当前的大好机会成为日后你口中的"如果"。事实上，这两个字没有任何价值。相反，失败、经验、机会以及成功，都将是你人生中的无价之宝。

方法三：设想结果

我一直都是一个喜欢做白日梦的人。作为一个成年人，我知道白日梦可以成为强大的动力来源。在我职业生涯早期，每当我做白日梦的时候，我的面部表情也会出现相应的变化。那时，我可能看起来好像是在努力地逃脱一只熊的追赶，或者好像是看到了一些滑稽的事情。无论如何，显而易见的是，我当时并没有将注意力集中在工作上。在我有意识地努力下，花了一年的时间，我才能够按照自己的意愿，适时地开启或关掉自己的白日梦状态。在这种状态下，丰富的想象力可以作为一种自我激励的工具。

　　我的一位好朋友是专业的铁人三项赛选手，他教我如何想象一场成功的比赛，在这场比赛中我能够实现自己所有的目标。这个方法还能让我身临其境地感受到比赛所带来的兴奋和焦虑。想象一下，枪声响起，比赛开始，然后感受一下，当你面对第一项游泳比赛时，自己的内心究竟有多么强大。再想象一下，你将如何巧妙地穿梭在所有的游泳参赛者之间，并能够很好地适应汹涌的水流，就好像这是你与生俱来的天赋一样。最后，在你还没有意识到之前就已经抵达了终点，这可谓是你一生中表现最好的一次。然后，你穿梭在其他竞争选手之间，并在熟练地更换好装备后，走出第一个转换区开始第二个比赛项目。想象一下你在自行车比赛中的表现。沿着这条路线，想象自己是如何处理每一个转弯、爬坡，以及结束后的下车动作。然后，在精神力量的支撑下，穿过第二个转换区，此时你会感觉到自己已经来到了比赛的最后一站。最终，在强大的精神力量支撑下不停地向前跑，直至越过终点线。

　　当你成功地完成了一场想象中的比赛后，再以同样的方法想象一场让你充满恐惧的比赛。对于我来说，游泳永远是我的一个弱项，所以我要重新想象一下自己在游泳过程中将会遇到的问题。然后，不管这些问题是什么，我还要想象自己将会如何解决这些问题。这种可视化想象的好处是：第一，在这个过程中，你是发自内心地准备好要取得最终的胜利；第二，当事情没有按计划进行时，你可以有机会考虑使用哪些方法来解决当前的问题。在铁人三项赛中，不可避免地会发生一些计划之外的事情。实际上，所有行业都不例外。因而，有人会说，如果你想让上帝发笑，那么，就将你的计划告诉他。因为计划永远都赶不上变化。所以要准备好应对一切计划之外的事情，即使是那些你已经在脑海中演练过很多遍的场景，这样，当事情在现实生活中真正发生的时候，你就会自动地做出经过训练的反应。

方法四：行动起来

我从不会否认自己对咖啡的喜爱。但是，咖啡并不能总是帮助我集中精力——事实上，我相信，有的时候它会让我偏离轨道，偏离自己的目标。那么，我究竟是如何持续地保持精力集中的呢？答案就是无论如何都要让自己时刻保持行动的状态，不要让自己有机会停下来。当你发现自己正挣扎于是否应该继续前进时，并且此时你发现完成自己所列的三件事情后，并没有产生任何成效，这种情况下，无论如何你都要找到一个理由帮助自己继续前进。我向你保证，这样做一定会有助于你实现自己的目标。

当我发现自己的注意力开始下降的时候，我经常会组织一些同事，一起到室外或者车库做俯卧撑。如果你发现自己撑不起来，就先在四周走动一下。如果这样对你来说还是太难的话，那么，寻找一些需要花费与做俯卧撑同等精力的事情，将你的注意力集中在这些事情上。例如，集中注意力伸缩你的小腿肌肉，然后再尝试活动身体的其他部位。弯曲你的腿，收缩每一块肌肉，只要这个动作可以让你感到舒服，那么你就可以一直保持着这个抱腿的姿势。很快，你的头脑就会恢复清醒，思维会变得更加敏捷。

逐一完成自己的目标，这样，能够让我们从当前的任务中获得一次短暂的休息。虽然我们当时可能觉得自己仍然处于高效状态，并不需要任何休息。但是短暂的休息可以不断地为大脑输入氧气，这样，我们的能量系统和注意力都将得以恢复。与此同时，短暂的休息还将让我们更加坚信自己实现目标的能力很强。利用这些挤出来的一点点时间，能够让你仔细地琢磨一些问题。有时候，短暂的休息也会让你和你的队友更好地团结在一起。我和我的团队每天会利用不到 10 分钟的时间，离开办公桌去做 3 组俯卧撑。这期间我们会有一些很简短的交流，然后，当我们返回到办公桌时，会重新变得精力充沛，这让我们能够更好地完成自己的工作目标。因而，对我来说，做几组俯卧撑比任何咖啡都更加有效。

尽可能地多加练习上述 4 种方法。很快，它们就会成为你生活中的一部分。慢慢地，我们发现自己会变得非常轻松：就好像我们在步入最后的冲刺阶段前，就已经完成了所有的任务，并且正在开心地提前庆祝。但是，这时最重要的便是保持住当前强劲有力的状态。继续保持自己精力的高度集中，直至取得最后真正的成功。与此同时，不要因为觉得自己一定会取得成功便减少付出。越过终点线的那一刻，才说明你获得了成功。相信我，无论何种情况，改变随时都会发生。现如今我们站在世界的巅峰，面对着这个每时每刻都在发生剧烈变化的世界，这就意味着你将有机会体验到，在巨大的推动力作用下的人生将会是什么样子的。记住，你采取的每一个行动都是在为下一个行动做铺垫。如果今天你可以轻松地完成一项任务，那么，你就有可能在一个偶尔出现的关键时刻，没能付出自己百分之百的努力，因为你曾经在没有付出全部努力的情况下，不仅完成了任务，还取得了不错的成果。因而，遵循自己的燃料目标、火焰目标和光辉目标，不断地练习如何保持精力集中，这样才能帮助你最终实现自己的最高目标。

越过工作上的终点线

在越过终点线之前永远不要停下脚步，这就意味着你需要不断地改善自己的方法和技能，以此帮助自己保持精力集中，时刻处于被激励的状态，直至你完成自己的任务或实现自己的目标。当我们在为自己或公司创造一个新的机会时，我们需要学习的是如何管理并运行一套相同的流程。因为在这个过程中，一方面，我们太容易屈服于自己的拖延，另一方面，我们又容易在任务快要结束之时减少付出。而且，过早减少对任务的付出也会给你及你的公司带来一定的损害。如果完成一件任务关系到你是否能够实现自己的光辉目标，那么，你就应该尽自己最大的努力去完成它。除此之外，你还要不断地练习那些能够让你保持动力的方法。

在你的职业生涯中，你应该将自己的精力集中在当前目标上。设定一个光辉目标，然后再确定燃料目标和火焰目标。实现燃料目标的过程，决定着你是否能够取得最终的胜利。你应该拒绝一切对你产生干扰、导致你分心的事物。这个过程将培养你形成坚强的意志力。

在微软任职期间，我负责将无障碍网页通过在线广告推荐给用户。然而，有一部分人无法通过我们所希望的广告形式接收到这个产品信息。我知道你可能会认为，对于用户来说这是一件好事，但是，我们正在努力将广告发展为一种服务，这就意味着那些无法接收到广告的人群将无法享受我们提供给他们的服务。例如，当你路过一家咖啡厅时，你的手机可能就会收到该店产品的折扣信息，这种设计是基于人类的空间关系学而出现的。因而，我想要确保的是，残疾人能够与其他任何人一样，可以拥有获得折扣广告的机会。

为了说服微软的决策者同意这个投资决定，我需要收集一些有利的论据，如收益、合规性、规章制度。除此之外，我还要经过一番利弊评估以做出最后的投资决定，这个投资决定是我站在决策者的角度做出来的，当然，这个最终的决定也一定要能够支持我在无障碍网页方面的投资建议。我必须要在激烈的周讨论会上向大家呈现这个计划，并在日常交际中将这个计划介绍给高层管理者。与此同时，我还要努力地捍卫它免受其他同事因为争抢资源而造成的影响。我决定使用设立燃料目标、火焰目标和光辉目标的办法：我的光辉目标是让残疾人能够与正常人一样，使用所有的技术并享受由这些技术而带来的便利；火焰目标是尽自己最大的能力去维护残疾人的利益；燃料目标就是通过我日复一日的努力，让更多的残疾人了解并使用这个产品，同时也希望能够引起越来越多人的关注。

在这件事情上，我犯的第一个错误就是过于自信。我想原因在于，首先，我觉得自己的想法非常好；其次，我认为自己需要做的就只是向他人展示这个想法，我非常确信的是，人们最终都会选择支持我的想法。所以，我满怀信心地站在决策团的面前——这是由公司的决策者组成的团队，他们执掌着公司未来的发展方向，而且，这支团队以喜欢严厉询问并提出严厉质疑而著名。作为一名正在快速成长的专业工程师，我站在决策团面前向他们展示我的计划，并向他们表示，我认为无障碍网页非常重要，因为它是提高用户使用体验的关键因素——为此我也提供了大量的循环论证。事后，我对自己的表现感到非常难堪。因为，他们追问我收入的具体数字，我提供不出来；我也不知道合规性的细节；我也从未考虑过需要经过一番利弊评估后才能做出最终决定，在这个过程中，我表现得过于自信并且缺乏坚忍不拔的精神，这让我在实现自己的光辉目标的道路上陷入了困境。但是，很快我便意识到，如果我想要在实现目标的道路上取得进展，就需要拥有坚忍不拔的精神。虽然，决策团的严厉询问和质疑让我感到非常害怕。但是，我知道为了取得成功，我必须学习如何应对害怕的感觉，而不是逃避它。

当我们忘记了实现燃料目标的重要性时，就会想到放弃——这时我们的双眼就会被蒙蔽，会变得看不清前方的道路。这就是为什么设定燃料目标、火焰目标和光辉目标对我们来说是重要的，因为这样就可以提醒自己，实现一个特定的目标有助于我们实现自己的最高理想。

对无障碍网页计划的支持与维护，让我有机会向他人展示自己在压力下保持冷静的能力。在刚进入微软工作的那段时期，我还没有培养出强有力的、足以维护自己地位的自信心。当你从一个接受任务的人变成一个可以提出意见的人时，这就是你的职业生涯走向成功的开端。但是，这同样也使我获得了授权。当我想要保护自己的提议（将无障碍网页运用到为微软创造较高利润的产品中）时，我就必须练习如何在压力下保持冷静。为此，我始终在努力实现自己的燃料目标、火焰目标和光辉目标，这不仅能够帮助我捍卫自己的提议，而且有助于我提出强有力的论据，让我表现得更加自信。从而，有助于我排除一切干扰，将注意力集中在重要的事情上。

我承认，自己曾经与那些引诱我放弃目标的诱惑进行过几次抗争。站在决策团面前捍卫自己的计划，对于一些人来说这可能是一个大难题，然而，另一些人却会为此坚定不移地奋斗。我希望自己的工作内容是处理那些重要的但是还未被人们意识到的项目。虽然我曾经想过，放弃这个项目有可能是一个明智的选择，因为这或许会推动我在微软的职业生涯，但是为了克服这一想法，我不断地提醒自己，开展这个项目对于我来说到底意味着什么，以及我一直为之奋斗的最终目标又是什么。为了将注意力集中在实现自己的光辉目标上，我用坚忍不拔的精神克服了想要放弃这个计划的想法。

但是，在前进的过程中这并不是唯一的"战斗"。随着职业生涯日趋成功，我仍然无法抵挡拖延对我产生的诱惑。我总是想要把今天可以做完的事情拖到明天去做。我认为，这完全是出于自己对失败的恐惧。起初，我的过分自信是导致无障碍网页计划失败的原因。这使我现在对被羞辱的感觉产生了恐惧。在那之后，我挣扎着想要振作起来，尽自己全部的力量维持前进的动力。通过强大的恢复力，我感觉自己又能够继续推进无障碍网页的计划了。

为了完成我的计划，我需要决策者的支持，以及资金与时间的投入。为了维持我的自觉性，我必须要通过自己的意志力将精力集中起来。当我在讨论会上展示自己的计划时，当我与决策者一对一地谈话时，当我情绪低落时，我都会立即调整自己，因为我始终相信，自己的光辉目标终将会得以实现。因此，我开始练习自我肯定，增强自信心，并不断地提醒自己，回想先前那些已经顺利完成的项目。我知道，实现光辉目标的唯一途径就是保持自我激励。通过将专注力、自信心和缓解内心不安的方法结合起来，我相信自己能够很好地保持对情绪的控制。

我参与了微软金融部门的研究项目，该项目主要针对微软的残疾人消费群体。我将研究得出的各种成本收益加以分析，与我倡导的无障碍网页计划结合起来。然后，我咨询了公司的法律顾问，咨询内容包括所有相关的法律和潜在的诉讼。在总工程师的帮助下，我得出了经过利弊评估的最重要的决定。因而，我就能够很好地解答曾经被问到的问题：如果将无障碍网页计划付诸实施，公司需要承担怎样的风险？从过去的过分自信中吸取教训，抛弃自己最初想要放弃这个计划的想法，解除内心的恐惧，这些都有助于解决我的拖延问题。最终，我成功地论证了无障碍网页计划的可行性，并推动它成为微软日后每一款产品在发布之前需要重点考虑的特性之一。在这个过程中，我学会了如何以坚忍不拔的态度实现自己的计划，并且，我相信自己有能力继续推动无障碍网页计划，并使之成为通过微软广告平台为用户提供的服务之一。

小　结

● 通过认识并克服以下方面来避免产生拖延：对失败的恐惧、繁重任务所带来的压力、对注意力的缺乏、对被分配到的任务的抵抗、对困难任务的逃避以及对目标规划的不合理性。

● 将那些看似难以处理的，甚至不可能完成的大任务，分割成几块小的、容易完成的任务，从而为目标的实现提供动力，与此同时，这也会让你产生成就感。

● 为自己建造一个无干扰的环境，从而提高自己跟进任务的能力；与此同时，增强你的工作能力，减少在工作过程中对目标的破坏。

● 当你获得的成功接踵而来时，不要停下脚步。尽最大努力，完成为自己设定的目标。

● 在前进的道路上，当你取得一个特定的成就时，记住，要给予自己一定的奖励。

● 将自己所有的精力都集中在实现目标上：了解原因，做出尝试，设想结果，付诸行动。

第七章
在自己身上下赌注

如果你感兴趣一件事，你会适当地去完成它；如果你下定决心做一件事，你会不惜一切代价地去完成它。

——约翰·亚萨拉夫（John Assaraf）

我们的生活中总会出现这样一些人，无论他们是有意的还是无意的，他们总是试图引导我们远离那些我们想做的或者有能力完成的事情，因为他们想要帮助我们免受失败的痛苦。但是，我想告诉这些"好心人"，每个人都会失败，只有从失败中吸取经验教训，才能避免再次失败，最终，我们才能享受到成功所带来的甘甜。你需要明白的是，在许多情况下，外界眼中你所遭受的失败，事实上则是你实现成功的重要突破点。如果你想要发挥出自己最大的潜力，就一定要为自己负责，这意味着你要对自己以及自己的能力充满信心。当你了解到自己正在经历自我突破时，那么，这就需要你鼓起勇气，迎接由此而产生的一切风险，并且在自己身上下赌注，相信自己一定会取得最终的成功。

2009—2011 年期间，我白天在微软工作，晚上参加研究生课程的学习，与此同时，还要为了打破铁人三项赛的世界纪录而努力地进行训练。最终，我收获了一些令人难以置信的生活经验，也体验了身心上的极度疲惫。经过这三年，我虽然积攒下了不少向他人吹嘘的资本，但与此同时，我也患上了肾上腺疲劳综合征，于是我很快便意识到，如果我想要继续追求自己的光辉目标，就必须放弃一些事情。2012 年，铁人三项赛正式成为 2016 年残奥会的比赛项目。这让我意识到，如果我想要成为一名能够不断成长的专业运动员，就需要调整自己的目标。因此，为了能够参加 2016 年的残奥会，我应该尽量减少参加其他比赛，从而避免使身体过度疲劳。

机会就这样来到了我的身边，因为我所取得的铁人三项赛的优异成绩，我开始收到大量的邀约，邀请我去当地的会议或学校做演讲。我突然意识到，自己未来可能会成为一名职业的公开演说家，但是我也知道这样做需要我承担巨大的风险，这可能会让我离开目前朝九晚五的、舒适的工作环境，放弃在微软（世界上最大最成功的软件公司之一）的职业生涯，成为一名独立的项目承接者。而且，可能未来的项目数量和收益都将无法获得保证，也许前一个月会有大笔收入，下一个月却没有丝毫进账。

承担风险与害怕失败

害怕是人们生来就会产生的感觉，并且，我们的大脑和身体早已为它做好了准备。虽然，害怕能够保护我们免受一些事物的伤害，但是它也有可能使我们远离那些对我们有益的事物。

为此，我们需要做的就是努力地克服那些让我们感到害怕的事情，例如，害怕在一大群人面前讲话（演讲恐惧症）。当我们在办公室里，给周围的同事做一个并不正式的 PPT 演讲时，我们并不会对此感到害怕，反而有可能会让我们感到很舒服。但是，当让我们站上讲台，面对着台下 500 名观众时——我们在耀眼的灯光下，做着正式的自我介绍，而观众的掌声只会为出色的演讲响起——我们也许会发现自己被内心的恐惧吓坏了。不同于我们面对野生动物时的恐惧，在公众演讲时感到害怕真的不会为我们带来任何积极的影响。这种害怕可能会使我们产生窒息的感觉和拙劣的表现，这将会使我们在下一次面对同样的情况时感到更加害怕。在这种情况下，我们流下的汗水、由于紧张而导致的结巴、支支吾吾的话语，以及我们失去思路后大脑的一片空白，都不会为我们带来任何积极的影响——我们甚至有可能会被想要呕吐的感觉或者想要逃跑的强大意愿所打倒。如果在一群人面前说话让你感到紧张，那么，其实你并不孤单，因为大约每4个人里就会有3个人患有演讲恐惧症。

　　同样的道理，害怕失败（失败恐惧症）不会为你带来任何积极的影响，反而会带来大量消极的影响。仔细思考一下，你便会发现，通常不会让我们感到害怕的事情正是我们所擅长的事情。例如，如果我们将这么多年以来递交给管理层的报告收集到一起，那么，坦率地讲，我们真的很擅长写报告，因此，在这件事情上我们基本不会过多担心，即使担心的话，也只是担心失败，并不会产生额外的恐惧感。然而，我们最害怕的就是失败，我们有可能会经历的是，当我们接受一项新任务或者做一些事情的时候，我们认为这会为个人或者职业生涯带来一定的风险。例如，你的老板可能会要求你提出自己的建议和新的实施方法，来解决一个一直存在着的、有关收集客户销售数据的问题。然而，你可能会发现自己被害怕吓倒了，然后，你会把项目搞砸让自己表现得非常难堪。但是，换个角度，不仅仅是你的老板，还有你的同事和其他人，都将会从你的失败中吸取经验与教训。因而，由于你害怕失败所造成的受害者只有你自己，除你之外的其他人，反而还有可能从中得到一定的收获。

　　害怕失败会阻碍我们：

- 尝试用新的方法解决工作上的旧问题。
- 寻求职位上的晋升，承担更大的责任，获得更高的薪水。
- 挑战现状。
- 在会议上发言。
- 自愿承担新的工作。
- 在很多人面前做演讲。

● 采用创新的方法解决问题。

● 享受生活，因为我们已经肩负着巨大的压力和焦虑。

无论我们想要在事业上、工作上，还是生活上取得成功，都必须时常承担风险，这意味着我们必须勇于直面自己对失败的恐惧。对于女性来说尤其如此，大量研究表明，与男人相比，女人能够承担的风险更少。但是，对于那些勇于直面自己对失败的恐惧，并且愿意承担风险的女人和男人而言，他们将会获得丰厚的回报。桑德拉·彼得森（Sandra Peterson）是强生集团全球主席，她在接受《福布斯》杂志的访问时谈到：

> 据我所知，大多数在商业上取得成功的女性愿意承担风险并接受挑战，然而，其他人在面对这些挑战时可能会说："哦，我不确定我想要这样做。"如果你回顾我的职业生涯，便会发现，我经常在扮演一些承担风险的角色。对一些人来说机会是有风险的，但是我却认为："哇，这是一个非常好的机会，我能够从中学习到新的东西，然后，我想要发挥自己最大的作用，让公司发展壮大。"但是，有些人会说："你疯了吗？你了解糖尿病吗？你了解洗衣机、食品、汽车或农业行业吗？"[1]

对于彼得森来说，由于她勇于面对失败的恐惧，并且愿意承担风险，所以，她才能够领导这家全球医疗保健巨头取得 710 亿美元的年销售额。Facebook 首席运营官谢丽尔·桑德伯格（Sheryl Sandberg）在《向前一步》（Lean In）一书中问道："如果你无所畏惧，你会怎样做？"我敢说，你的答案肯定会令自己感到惊讶。

相对于允许恐惧战胜你并控制你的生活而言，直面对失败的恐惧并勇于承担风险，将会为你实现自己的目标提供一条更为清晰的道路。但是，勇于承担风险并不意味着你可以，或者应该将自己的一切都纳入这个范畴，让你的事业、职业，甚至生命都处在危险之中。事实上，相对于下一两个大的赌注而言，更聪明的做法就是在自己身上下一些小的赌注。当你将一些小的赌注下在自己身上时，你不仅降低了风险，而且可以变得更加敏捷，如果其中一两个你所希望的方法不起作用，你就可以做出迅速的调整。事实上，快速的失败能够帮助你，使用比想象中更快的速度来实现自己的目标。

皮特·辛（Peter Sims）在他的《小赌大胜：卓越的公司如何实现突破性的创新与变革》（*Little Bets*：*How Breakthrough Ideas Emerge from Small Discoveries*）一书中提到：

> 从快速失败中迅速学习，对于经验丰富的企业家来说，也是一项重要的经营原则，他们经常称这个方法为"失败乃成功之母"。这就是为什么企业家要将自己的想法尽可能快地推入市场，为的就是从失败和错误中获得宝贵的经验，从而为自己指出一条明确的前进道路。这是一条非常著名的硅谷经营原则。霍华德·舒尔茨（Howard Schultz）创建星巴克的经验正说明了这一点。他与他的同事尝试了上百种想法，从不间断地播放歌剧，到打领结的咖啡师，再到上百种不同的饮料，只有经历过这些才能算得上星巴克经验。[2]

那么，霍华德·舒尔茨是否为此承担了风险？这是毋庸置疑的。那么，他以及他的公司是否从中取得了回报？这也是当然的。

如果你发现害怕失败会使你不愿承担风险，而你为了实现自己的目标又不得不承担风险，那么，在这种情况下，你到底能够做些什么呢？你可以立刻去做以下这5件事情：

● 改变你的态度。你需要明白，在实现目标的道路上我们都曾失败过，越早失败就能够越早地实现自己的目标。只要你能够从失败中吸取教训，就可以保证自己走在一条正确的道路上。

● 不要担心别人会怎么看你。没有人会希望自己的同事、朋友和家人看到他们失败。不仅仅是因为这会令我们感到难为情，而且因为我们不想让别人失望。然而，这种毫无必要的担心只会阻止你承担风险或尝试新的事物。如果你决定承担风险，就不要担心别人会怎么看你——要让自己始终盯住未来将会得到的回报。

● 要事先做好功课。记住，成功更青睐那些将所有的时间都用来实现目标的人。如果你无法事先做好功课，那么你又怎么可能实现自己的目标呢？

● 不要害怕请求别人的帮助和支持。当你得到别人的帮助和支持时，无论它是什么，都会让你想要去做的事情变得没有那么可怕，同时这也会大大增加你取得成功的机会。

● 从小事做起。冒一些小的风险，这会让你逐渐获得更多的成功。然后，在这些成功的基础上冒更大的风险，赢得更大的胜利。所有这些都将为你提供巨大的动力，然后你会发现自己的恐惧随之消失了。

创造质的飞跃

2012 年，我做出了一个重大决定，离开微软去追求一个全新的演讲职业生涯——创建自己的公司 Blind Ambition。做出这个决定其实并不容易，但是当我权衡利弊后，我认为这个风险值得承担。演讲这个职业给了我更多的时间去进行训练，也让我能够更加灵活地去参加各种比赛。与此同时，如果外界对我的演讲或公司的经营内容有任何要求，我也可以迅速地做出相应的调整，使自己的工作内容能够更好地适应客户的需求。所以，我的信心有了质的飞跃。我在自己身上下了一个大赌注。

曾经让我想要一直留在微软的原因有以下这些：不舍得与团队中的

同事分开，享受着由于经济上得到保障而带给我的安全感，以及在工作上能够接触到的那些令人兴奋的最先进技术。然而，当我意识到自己有可能代表美国参加 2016 年残奥会时，相比之下，工作带给我的兴奋感就变得黯然失色了。如果我没有离开微软，我不可能有机会获得今天的这些成果。

我离开了自己努力奋斗多年的工作岗位。这么多年以来，我为了成为一名工程师而努力地学习，但是现在，我已经准备好改变职业了。我感觉自己正在经历一次自我突破，但是，我身边的一些人却认为我疯了。想象一下，当你接收到这样的信息：你认识并深爱着的人在一个蓬勃发展的行业拥有成功的职业生涯，这个人已不再年轻，她突然告诉你，她要放弃当前拥有的一切，转而追求成为一名专业运动员。换作是我，或许同样会认为那个人疯了。对于我做出的决定，我收到了不同的回应，这当然让我对自己的这个重大决定又重新进行了思考。其中一些人表示支持我的决定，而另一些人则被我的决定吓坏了。

他们给我的回应，有的让我受到了鼓舞，有的让我对自己的前途感到惴惴不安，但是在我的内心深处，我知道自己必须去尝试。结束在微软的职业生涯后，我感觉自己仿佛走到了一个非常高的悬崖边上，纵身一跃，跳了下去。当我驱车离开自己曾经工作过的办公楼时，我知道我没有任何退路可以选择。

这一路上，我都不曾回头。

在我离开微软不到两年的时间里，我收到越来越多的演讲邀约，这远远超出了我的能力范围，但是，我又非常热爱运动员的职业，恨不得将所有的时间都拿来训练。我永远感激自己曾经做出的一切决定，例如，拿自己的未来做赌注和离开微软开创自己的事业。虽然，你关心和爱护的家人、朋友和同事会提供给你各种各样的建议，希望你能够放弃对他们来说过于冒险的决定。但是，唯一清楚地知道你将实现自我突破的人就是你自己。我强烈地鼓励你勇敢地面对自己的恐惧，当自我突破的时刻来临之时，尽情地感受并拥抱它们吧！

在企业中有这样一种人，他们为了信仰而不断寻求自我成长与进步，尤其是那些拥有坚定信仰和价值观的领导者。几乎每一个行业都曾因为技术的进步而遭遇过终止与分裂，但是，与此同时，人们的观念也会随着技术的发展而不断改变。领导者的作用在这个过程中日益显现出来。领导者不仅要具备传统的企业管理能力和人际交往能力，而且还要为企业带来更多的具有创新性和创造力的新技能。为了生存下去，有时你必须愿意赌上自己的未来。有些人并不害怕拥有信仰，并且愿意将自己的信仰展示给所有人。而对于那些没有信仰、唯命是从的人而言，他们在世界上能够生存的地方将会越来越少。

随着世界不断发展与变化，你和你的公司也需要进行相应的改变，如果你无法采取必要的措施跟随并适应当前的变化，仅仅维持现状，那么你和你的公司将无法继续前进。你要时刻关注未来将会发生的改变，以战略的眼光并且心怀信念地看待它们。无论是对于你当前的客户还是潜在的客户而言，这都将会为你带来真正的优势。

相信自己

有的时候，在自己身上下赌注需要很大的勇气——尤其是在挑战传统观念时，当面临创新发展与维持现状的选择时，或者当你将自己摆在一个很难与老板或下属交谈的位置时。当你在面对所有这些情况时，你都必须要对真实情况有所了解，要有自信，并且愿意为自己所坚信的事情而奋斗。

在软件开发的世界里，有两大模式被广泛使用。一种是"瀑布方法"，它是一种计算机软件开发方法。在这种方法下，企业首先要写出全面的文档和规范来定义产品的需求、产品的开发，并且最终保证产品质量符合先前制定的文档和规范的要求。这种方法很适合在稳定的环境中开发软件，因为在这种情况下，通常都需要提前了解产品需求。然而，随着"精益思维"的出现——这种思想强调以更快的速度开发软件——软件开发者们开始意识到，相对于用户提出来的不断变化的需求而言，使用瀑布方法开发出来的软件会显得过时且无法满足客户与时俱进的需求。为了弥补这一不足，越来越多的行业开始采用"敏捷方法"进行软件开发。使用敏捷方法的目的是，在设定的时间间隔内，提供一个需要频繁更新的产品，它能够满足人们对具体功能组合的需求。更小更频繁的交付，既能够确保软件满足当前客户的需求，又能够适应现如今快速变化的大环境。

当我被分配到微软广告中心时，其中的一部分工作就是实施从瀑布方法向敏捷方法的转变。在微软工作的第一年，我们努力地成为行业标杆，并在6周内为销售团队开发出了一款不错的产品，这都让我们获得了成长。这在微软是前所未有的，过去，使用瀑布方法开发出一个能够频繁更新的产品，通常情况下需要用几年的时间来进行前期准备。

正如我们所预料的那样，确实，我们前几次的迭代开发都非常具有挑战性。这需要我们将全部精力都集中于从瀑布方法向敏捷方法的转变，并且，这个过程需要很多人的共同努力才能够取得最后的成功。除此之外，在其他每个步骤上也都需要我们保持精力的高度集中，例如，在给定的一段时间内将工作量调整到适当的范围；为了减少核心开发人员的工作内容切换，在功能组合的开发方面，我们要时刻保持着冲刺的状态（每6周都会发布一个新产品）；能够合理地解释由于产品在世界范围内推广而增加的成本。

在这种高强度的工作状态下，我们完成了第一个周期冲刺，并且，正如我们所预料的，这个过程非常具有挑战性。在项目开始阶段，特定的目标被延迟或无法满足需求导致我们多次失败，但是随后我们便尝试了第一个周期冲刺。随着我们转变至新的系统，前几次冲刺都很好地完成了目标，这让我们从中获得了信心，相信我们拥有在新系统中高效工作的能力，但是，当我们再一次偏离前进的方向时，却发现我们有可能无法完成工作目标，或者至少需要推迟项目的交付日期。至少，这是一个会让我们感到担心的问题。在数次成功地完成冲刺后，我们证明了我们的团队能够在敏捷方法的开发环境下良好地运作。然后，当我们再一次回到现实生活中的时候，却看到了与我印象中截然不同的新景象，伴随着我一路走来的所有东西都发生了巨大的变化。在这个项目中，我被分配的任务是，对每一次周期冲刺进行程序完成后的分析，深入了解导致我们的任务目标和执行结果不一致的原因是什么。

我开始执行自己的任务，通过小组会议讨论，让我对组织的脉络有了整体的感觉。很快，一些问题开始变得明朗起来。每个人（典型的微软方式）都工作很长时间——通常是一周工作 7 天，每天工作 12 小时以上。在需要展开部署计划的那几天里，有些人甚至在办公室里过夜，并且打算第二天也这么度过。我感觉他们已经被推到了极限。

在最初的小组会议上，我注意到的是挫折、疲惫，以及由于转换至敏捷方法而产生的对抗。我知道这些问题的背后隐藏着一个更大的问题。我也知道敏捷方法并不是问题的所在，因为我们已经证明我们可以很好地使用它。我决定要找到问题的来源，这就需要我与小组中的每一个人单独会面，了解更深层次的内容。

我与团队中的所有成员安排了一系列的一对一会议：大概有 50 人，

其中包括开发人员、项目经理和质量测试工程师。在这些一对一的谈话中，我会问每个人同样的开放式问题。事先我会让他们知道，坦率地说出他们的感受是非常重要的，因为他们的回答很有可能透露问题的根源。然而，让我失望的是，我听到的答案几乎一致：问题来自我的顶头上司。当初接手这个任务时，我就承诺一定会负责任地完成这项后续调查的工作，找出真实问题。但实际情况是，我的任务却转变为对一个人的事后调查——这个人就是我的老板。

团队成员都认为自己被逼得太紧了。在这个成功的周期计划下，团队成员刚开始都相信他们能够在 6 周内完成这个工作计划。我们当时正处于转型阶段，显然我们低估了这个计划。最终我们不得不恢复至瀑布模式：一种基于不切实际的项目交付期限，自上而下的软件开发模式。

虽然所有的矛头都指向我的老板，但我认为对于当前我们所面临的问题，他并不应该承担全部责任，因为这个结果是由包括管理层在内的集体决策所导致的。然而，无论当前的情况有多复杂，很显然我的老板已经成了替罪羊，成了为这个问题承担责任的人。从我的角度来看，这个团队当时面临的最大问题在于不切实际的项目交付期限，其实这来自公司内部高于我老板的管理层。遗憾的是，他是那个为高层管理者传达命令的人。考虑到我的老板对我在微软的未来职业发展有很大的发言权，我感觉自己处于进退两难的地步，难以抉择。我的任务目标是发现问题，帮助团队完成任务，改善工作与生活间的平衡，并最终带领团队找回旺盛的工作积极性。然而，这个任务却演变成给我的老板——帮助我取得成功的人——提出负面的反馈，即团队成员都认为他应该为这个问题的产生负责任。

我非常尊敬我的老板，我知道他和其他管理者都承受着高层带给他们的压力。我也知道，他想要通过提高我们团队的声誉，来帮助我们获得更好的职业生涯发展，但是这就需要我们能够证明，我们作为团队有能力完成上级提出的任何任务。事实上，他这么做对于我们每个人和整个公司而言都是好的。

我相信，所有人都曾经接受过这样的任务：向一个人提出负面的反馈意见。那么，你们也就可以理解，向他人提出一个建设性的意见是极具挑战性的。在这个时候，感情往往是脆弱的，人们会选择停止沟通。下级向上级提出负面的反馈会让整件事情变得更加复杂。这位上级又是我见过的工作最努力的人，他没有任何恶意，仅仅是为了帮助整个团队获得一个好的声誉。因为团队成员的误解，他被给予了不公平的评价。

我感觉事态的发展已经不在我的控制范围之内了，我感到非常不舒服。但是，我知道自己必须做出对我的老板、团队、公司，特别是对我自己正确的选择。这意味着我需要改变自己的态度。我需要鼓起勇气，确认自己已经完全掌握到真实的情况，然后采取一种特别的方式告诉我的老板，让他在听到我的反馈后，能够给予我正面的回复。我必须相信自己可以做到，并且我知道对于这种特殊的事，我不能选择放弃，虽然对我个人而言，这已经让我感到很不愉快了。

在团队中，会产生一种"我们与他们"的动态发展——这其实指的是团队成员与管理层。我知道，当我的老板表现出"我会支持你们"的心态时，我就会变得愿意支持管理层的各项决定。无论如何，这件事都表现出我们很少去关心别人怎么想，我们关心最多的就是自己怎么想。所以，我处理这个问题最终希望达成的目标就是，改善团队和公司的现状。为了实现这个目标，合作关系是必要的。

说实话，我可以将我的发现隐藏起来，然后用一个毫无意义的结论替代它，这样就不会造成人心惶惶。这其实正是我偷偷想要做的事情。但是，为了现在的职位我曾经付出很大的努力，我知道，如果无法拿出明确的调查结论，那么我就需要承担巨大的风险。

最终，我还是选择相信自己能够完美地完成这个任务，我在自己身上下了一个大赌注。

这其实并不容易。让我感到害怕的是，我知道自己应该就这个调查结果——我的老板和老板的上司是导致团队失败的原因——与其他人进行沟通与交流。为了改变这一局面，将其转化成具有积极意义的事情，我知道这需要找到一个方法来转变当前的局面，这样我就会被视为积极地推动了管理体系的变革。我同样知道，在他人的帮助下我才能实现这一想法。自从我们转换至敏捷开发模式后，因为工作与生活间的失衡，我们整个团队一直都处于高效率和高强度的工作环境下。这也造成了团队中那些有才能且工作勤奋的人才大量流失。基于这些原因，我安排了一次与人力资源部门的关门会议，在会上我将本次调查结果坦率地展示出来，并希望他们也能为此提出一些建议。

人力资源部门选出一位代表来与我就这个问题进行交流。虽然，我非常感谢她的提议（她建议我主动与我的老板说这件事），但是，我认为这对当时的我来说并不是一个很好的选择，因为我并没有准备好与我的老板摊牌。当我认为是时候向老板说明这件事情的时候，我一定已经做好了万全的准备。同时，我不会将这个具有挑战性的任务推卸给其他人。但是，我还是向这位人力资源代表详细询问了她推荐的方法。我认真地记下来，并在脑海中反复地练习。为了培养技巧，克服交流障碍的问题，在与人力资源部门交流之前我已经做了相关的准备工作，并且，我也按照人力资源代表提出的建议进行后续的跟进练习。然后，我尝试着练习通过一些具体的例子来引导他人回答我的问题，确定他们期望的管理者在模型开发的冲刺阶段所应该有的行为表现，以及他们当前的真实感受，再将两者进行对比。练习过后，我决定逐步地推行这个方法，在私人的一对一谈话中，都只先讨论一个问题。在这个方法的帮助下，我准备好要与我的老板说明这件事。

我的老板每天都会在早上 5：30 来到办公室。虽然我知道，清晨不被打扰的工作时间是非常珍贵的，但是，权衡利弊后我认为，我们之间的谈话应该是不宜公开的，所以这个时间是最为合适的。一些积极向上的人可能看起来像机器人一样在工作，但是每个人都会有他们脆弱的一面。所以，我要小心谨慎地处理这个情况。我预约了一个早上 6 点的时间，与老板在咖啡厅见面。我首先真诚地表达了对老板的职业道德和高超的技术水平的尊敬。然后我说道，对于这件事的事后分析结果与我想象的完全不一样。我接着解释说，团队成员的看法是管理层给他们制定了不现实的项目执行期限，这导致了逆反情绪在团队内的滋生。我说话非常谨慎，避免使用责备的词语，再结合鼓励的语句。我想让他知道："在这件事情上我们的立场是一致的。我就在你身边陪伴着你。我们拥有相同的目标。"在我将这些信息传达给我的老板之后，我问他："对于其他人的这些想法，我怎么样才能够帮助到你？"

就在那一刻，我看到了我的老板脆弱的一面。再努力工作的人终究也都是人——他们也是有感觉和情感的。我的老板很快就回复我说："你启动了一个事后分析调查，最终的调查结果是发现了我的过错。"他说这句话时带着沉重的、被深深伤害的语气。在工作方面，从来没有一件事情让我感觉如此可怕。虽然，我想要尽量表现得温和，并且在积极地帮助他解决问题，但是我显然已经错过了这一时机。

我清楚地知道，老板需要一些时间和空间来想一下我刚刚告诉他的事情。所以，我带着沉重的心情离开了。而且，我不确定的是，自己这样做是不是对所有人都好。不仅如此，我还有可能会对自己在微软的职业生涯造成不可弥补的伤害。这时，我发现自己想要回到从前，把这件事情交由其他人处理。

我的老板取消了当天所有的会议，并且一整天都不在办公室。这种情况确实太糟糕了。我从未见过他请一天假。

随后，在办公室中人们都在议论，每个人的行程表上都多出一项新的会议邀请——与老板的一对一谈话。这是我在职业生涯中见过的最勇敢的表现。在得到我给他的反馈后，经过再三思考，他和一位顾问都认为，当前是进行全面审查的最佳时机。在全面审查中，你可以提出与工作有关的更深入的问题，同时，你也要以非常开放的心态接受那些非常坦诚的反馈——无论是好的还是坏的。

在我的行程表上，一周后的某天早上 6：00 安排了一个会议。那天，我的老板为我买了一杯咖啡，并且非常贴心地给了我一张露露柠檬运动服饰的 50 美元礼品卡（很多年后，我仍然穿着用这张礼品卡买的运动短裤）。他告诉我，通过一对一谈话他得到了非常多的反馈，然后他将这些反馈全都收集起来，与自己的顾问共同制定出一个未来发展计划。我立刻就注意到了变化：他对这件事情做出了全面的解释，包括这个项目周期背后的深层含义，并且他也坦诚地表示自己还承受着来自上级的压力。他表示将会尊重团队成员生活与工作平衡的需求。我认为他的这些改变将会使整个团队变得更加和谐。

老板对我所做的事情表示感谢，并且他还非常支持我成为一名专业的运动员，他的所作所为让我非常感动。他非常感谢我的诚实和谨慎，尤其是在当时那么微妙的环境下。虽然，我传递给他的信息会令他感到伤心，但是，他知道我已经尽自己最大的努力将事情变得更加积极。我们坦诚并亲切地交谈了很久，他告诉我，当他听到这个事实时他是多么难以接受。此外，我们还讨论了在个人层面上进行全面审查是多么具有挑战性，以及他基于这些反馈，为我们团队制定的未来发展计划是什么。

通过这件事，我觉得每个人都会变得更好，在改善沟通并理解市场压力的基础上，我们的团队也将能够更好地完成任务。

这件事情过后，我对我的老板产生了由衷的敬佩之情。直到今天，在我做出人生中重大决定之前我都会与他商量。我对他的信任和尊敬是永远都不会改变的。

从这件事中，我学到了很多经验与教训。例如，做出对他人正确的选择能够恢复自己的自信心；聆听并相信自己内心深处的想法，不要害怕别人会怎么想我，这样才能够弥合"我们与他们"之间的裂痕，使团队拥有更好的发展。如果没有那位人力资源代表的帮助，我无法学习到新的关键性技能，同时，也无法加深我与老板间的关系，这是一段让我终身受益的关系。除此之外，通过学习和阅读有关如何解决交谈困难的内容，我成为一名优秀的沟通者，直至今日，我都不会选择回避任何具有挑战性的对话。

我颇感幸运的是，我将赌注下在自己身上，虽然这是非常难以做到的事情，但是我始终相信自己能够取得成功。在这个过程中我所学到的技能和对换位思考的深入理解，帮助我度过职业生涯中的每一天。我学习到，无论你身边出现的人有多么坚强，他也一定会有脆弱的一面。我还从中了解到，敞开心扉去接纳那些让人感到难过的意见是勇敢的表现；取得最具挑战性的个人胜利并不一定要外界的认同。

事实上，你很难找到一个合适的契机来开始自己新的人生，跟随自己的内心才是最重要的。纵观我的职业生涯，我有过很多次的成功和失败。成功让我更加相信自己的直觉和判断。失败给了我经验、力量、韧性和对自己的勇气与决心的了解，也让我相信总有一天我会取得成功。我们在人生中不同的时期都曾经历过害怕和自我怀疑，但是最终我们都成功地克服了我们所面对的障碍和挑战。这是因为我们愿意将赌注押在自己身上，从而磨炼韧性、创造机会，最终实现自己的最高理想。

反思一下，你真正的信念是什么，然后坚守那个信念，用来为自己创造机会。在信念的驱动下，你可以发明出一个改变生活的产品，或者找到一些方法来增加公司的收入或净利润。你还可以推出一些有影响力的新产品，或者在损失还不太严重的情况下，鼓起勇气停止销售一个不受欢迎的产品，从而为公司减少进一步的损失。因而，你可以通过向世界展示你的信念来提升自己。

你要让自己变得与众不同。不要简单地遵循别人的要求去做，而是将每种情况都作为一个潜在的机会去评估，然后，自己决定是引导一个新的方向还是跟随一个旧的方向。跟随是你生活中的一部分，但是，当你看到一个能够引领新方向的机会时，而它还很符合你的人生目标，那么你就要通过各种方法抓住这个机会。当你看到一个团队并没有走在正确的方向上时，你的责任就是指出问题并纠正他们。要诚实地说出你自己的想法。

我为能够成为一名让其他人都愿意与我共同工作的人而自豪。其中最重要的一点便是找到自信。我喜欢这样一种人，他们"多听，少说"——希望别人理解你之前，你要先理解别人。全面地考虑自己将要说出口的每句话和将要实施的每个行动，对所有人来说这都是有好处的。如果你已经将这个情况从头到尾考虑了一遍，并且从中发现了一个错误，那么无论是在家庭中还是董事会中，都要充满敬意地说出你的想法——可以通过谈话的方式。你将会发现自己所做出的一切贡献都有助于自信心的建立，这也是你可以从中得到的收获。

小　结

● 想要在工作上、事业上和生活上取得成功，就必须要勇于直面自己对失败的恐惧，不要害怕承担风险。

● 改变你对待失败的态度。我们都会失败——关键是要从失败中学习到宝贵的经验和教训，从而帮助你在未来的道路上越走越远。

● 注重小赌注和快速的失败。实际上，它们都会有助于你更加快速地实现自己的目标。

● 不要担心别人对你的看法——你需要担心的是你对自己的看法，并且要及时地采取相应的行动。

● 提前准备并做好功课。成功属于那些尽自己最大努力完成目标的人。

● 在前进的道路上，不要害怕寻求他人的帮助与支持。

第八章

激发你的核心价值

如果我们要前进，就必须回去并找回那些珍贵的价值观——所有的现实都取决于道德基础，所有的现实都受你的精神所控制。

——马丁·路德·金（Martin Luther King Jr.）

　　在我的运动员生涯中，最困难的一次自我突破发生在一场关于运动心理学的演讲期间，这是在科罗拉多州斯普林斯市的美国奥林匹克训练中心举行的一场演讲。那天，演讲的专家谈到，一旦比赛开始，就要将自己的精力全部集中到比赛上——使用你当时的所有力量，包括来自精神上、身体上及情感上的力量。在试着将演讲中所提到的方法付诸实践之前，我都觉得这听上去很容易做到。

　　思考和集中精力是两个相反的力量——当你正在思考除了眼前这件事情之外的任何事情时，就意味着当下你并没有集中精力。换句话说，不要仅仅幻想胜利；当你将精力集中在比赛策略上时，不要在原地打转，要努力地寻找出一条可以取胜的道路；不要在心里重新整理你的"购物清单"，或者让自己迷失在其他思虑中。当你将所有精力都集中在比赛上时，这就意味着，为了能够最大限度地发挥你的能量和作用，集中精力可以让你感觉到身体中存在的每个细胞都在为成功而努力。

　　当我坐在台下听着台上的演讲时，我意识到自己一直都将精力集中在赢得比赛上——我总是在想着下一步该怎么做，而不是想着如何走好当前这一步。在第二天的游泳训练中，我一边努力地将思绪从神游中拉回到现实，一边试图将精力集中到缓慢而平稳的游泳训练上。那可谓我做过的最艰难的事情之一。在我看来，为了能够真正地发挥出专注的力量，你必须要不断地练习——将娱乐活动放在一边，集中精力，为当前正在做的事情积攒能量。不仅如此，你还要知道自己的核心价值观和光辉目标是什么，因为它们将伴随你接下来的每一天。当你的价值观和光辉目标与日常的目标、任务和行动不一致时，对你来说，完成这些日常目标尽管并非不可能，但会比较困难。

价值观和目标的力量

当今最成功的企业领导者都知道，经营企业不只是为了赚钱。当然，赚钱是企业经营过程中的一个重要目标，但是，如今那些拥有公司的人、经营公司的人以及在公司工作的人，都还想拥有一个与其他人不一样的人生。当一家企业花时间去明确自己的价值观和目标时，当这些企业的领导者展示出生活在这样的价值观和目标下将会有何种收获时，这些企业的员工就会愿意使用公司的价值观和目标来指导自己的日常决策。当员工与企业的价值观和目标一致时，他们就会投入更多的时间和精力到自己的工作中，并且，这将会使工作变得更加高效。

我们听到过很多有关企业价值观和目标的内容，但是，它们到底是什么呢？

价值观是一家公司需要遵循的经营原则和行为准则，而公司的目标则是其存在的理由。所以，当一家公司遵循或推行一些诸如诚信、公平和快乐此类价值观时，它们的目标就有可能是为客户提供高质量的产品，或者为股东提供尽可能高水平的投资回报。核心价值观是指一家公司的领导团队认为对于组织而言最基本和最重要的价值观，因此，它应该是一个永远都不会被侵犯或忽视的价值观。

当人们谈到价值观和目标时，没有正确和错误之分（每个公司都有一套自己独特的价值观和目标），并且，它们会随着时间的推移和公司文化的变化而变化。虽然公司间的价值观和目标有可能会发生重叠（毕竟，能够拿来使用的价值观和目标只有那么几个），但通常情况下，它们之间也会有细微的差别，领导者有时还会采取明显不同的方式来彰显自己的公司与众不同。

在线鞋类营销商美捷步（Zappos）提出 10 组当前正在使用并且被广泛推行的"美捷步家族核心价值观"。这家公司利用这些核心价值观来发展自己的文化、品牌及经营策略。因此，它们对美捷步的发展方向和基本原则产生了巨大的影响。美捷步的核心价值观为：

1. 通过服务让人们感到惊叹

2. 拥抱并驱动变革

3. 创造欢乐及一点点搞怪

4. 勇于冒险，敢于创新，开放思想

5. 积极进取和不断学习

6. 通过沟通建立开放和诚实的关系

7. 创建积极的团队，营造家的氛围

8. 追求事半功倍

9. 充满激情和决断力

10. 保持谦逊

美捷步首席执行官托尼·谢（Tony Hsieh）表示，他和他的团队希望这些核心价值观不仅能够反映公司的企业文化，而且还有助于员工制定自己的决策。托尼·谢说道：

> 许多企业都拥有"核心价值观"或"指导原则"，但问题是它们通常听起来都非常崇高，读起来则像营销部门编造的新闻稿。很多时候，一个员工可能只会在进入公司后第一天的公司介绍会上对它们有所了解，但是随后这些价值观便成为公司大厅墙上毫无意义的

宣传语。我们要确保这样的情况不再发生在我们的核心价值观上，因而，我们需要将可承诺的核心价值观列出来，并将它们作为聘请或解聘雇员的标准。如果我们不愿意这样做，那么它们就无法被称为真正的"价值观"。[1]

当谈到目标时，托尼·谢认为美捷步至少应该做两件事情，并且要把这两件事情都做得非常好。首先，美捷步应该是在线服务的领导者，提供最好的品牌服务。其次，它应该创造幸福。事实上，托尼强烈地坚信第二个目标，为此他写了一本书并创建了一家网站［书名为《三双鞋》（*Delivering Happiness*），网址为 www.deliveringhappiness.com］，以此来帮助他人学会如何将幸福传递给自己的员工、客户、供应商及投资者。

研究发现，一家拥有更高使命感的公司会获得高于其他公司 400％的表现。除此之外，这些公司还能实现以下目标：

- 创新率提高 300％
- 员工留用率提高 44％
- 产品销量增加 37％
- 工作效率提高 31％
- 职业倦怠率降低 25％
- 病假次数减少 66％
- 员工离职率降低 51％[2]

职场研究和咨询机构（The Great Place to Work Institute）通过追踪公司的特色和表现，找到了排名前 100 的最适合工作的公司的共同点。从员工的角度来看，最佳工作场所是一个：

- 让他们相信自己的老板的地方。

- 让他们对自己的工作感到自豪的地方。

- 让他们享受与同事一起工作的地方。

从管理者的角度来看，最佳工作场所是一个：

- 让他们达成组织目标的地方。

- 让他们的员工获得最好的个人表现的地方。

- 让他们与自己的员工在相互信任的基础上，作为一个团队一起工作的地方。

职场研究和咨询机构表示，具备这些条件的公司的表现优于普通公司两倍以上，并且分红的次数也多于普通公司两倍以上。此外，员工的离职率较普通公司而言也有明显下降。[3]

显然，价值观和目标能够产生积极的影响，不仅对公司，而且对员工、客户、供应商、投资者、社会和其他利益相关组织都会产生积极的作用。那么，你是否清楚地了解自己所经营的公司的价值观和目标呢？你是否明确地为自己的公司制定了价值观和目标，并且在你的公司内部、客户之间以及其他利益相关者之间将它们广泛地推广开来呢？你和你的同事、员工、合作伙伴是否将它们作为自己的生活准则呢？如果你对以上任何一个问题的回答都是否定的话，那么你应该花一点时间来确定自己公司的价值观和目标，最好让你的员工也参与到这个过程中来。一旦你解决了自己公司的价值观和目标的问题，你就应该进一步坚持将它们作为自己的生活准则。

活出你的核心价值观

为了成功地成为一名以价值观为基础的领导者——一名致力于保持公司的利润和自身利益与员工和股东的共同利益之间平衡的领导者——

最重要的是，你要抓紧时间，通过自我反思来确定自己的核心价值观，这样你才能够在价值观的指引下，使自己的职业生涯获得更好的发展。当然，这些价值观既可以限制住你，也可以让你变得与众不同。当你正在为自己设定价值观时，要注意那些"基本"价值观，虽然它们通常听起来都很不错，却是员工行为和社交的最低标准。例如，诚信就是一个基本价值观。诚信被认为是经营企业和在职业生涯中持续发展的最低标准。你需要通过自我反思来确定是什么样的价值观能够让你变得与众不同。

通过对自己职业生涯的反思，我为自己设定的个人核心价值观是：谦恭、诚实（诚实地面对自己的内心）以及优雅地失败。作为一名以价值观为基础的领导者，我的一个指导原则是，为了不断地获得自我提升而坚持不懈地努力。在这个指导原则的指引下，你会想要将自己最好的一面展示出来，并且不断地提升你和你的团队。

在我的钱包里，始终保留着一份打印出来的价值观清单，上面所列的都是对我来说非常重要的价值观。同时，根据你的宗教信仰，你也可以在钱包里保留一张或两张写有经文或沉思录的卡片。我保留了一张价值观清单和一张经文，我认为它们是彼此密切相关的。当你无法集中精力时，或在其他一些事情上面临失败时，你可以后退一步，用上一两分钟的时间，仔细想想你想要成为什么样的人。你可能无法控制自己的情感，但是你可以控制自己的行动。

我认为有能力的表现是能够像控制其他任何事情那样控制自己的情绪。通过控制你的行为，你可以改变自己的情绪。如果你提醒自己，哪些行为是你想要展示给别人的，那么你的动力和直觉都将随之发生改变——你将不会被任何不受你控制的事情所束缚。这是一个自我完善的策略，也是一个保持情绪健康的策略。记住，你采取的每一个行动，都会影响你的情绪。请对自己更加耐心一些，因为这些变化不会在一夜之间发生。将这些卡片保留在身边，时刻提醒自己想要前进的方向。

我们所表现出来的实力是建立在自己的核心价值观上的。它们能够让我们的内心、精神和身体重新结合起来，从而提高自己的动力和能力。虽然，大多数人对自己的价值观都有一个模糊的感觉，但是很难将它们清晰地表达出来。如果我们能够真正并深入地了解自己的价值观，能够基于这些价值观解决每天面对着的层出不穷的抉择，那么，想象一下，在这种情况下我们应该怎样做才能够帮助自己。例如，树立一个让自己感到骄傲并愿意一直追随下去的榜样，通过真正地了解自己的价值观来努力地实现自我完善。每一天我们都面临着要么前进，要么后退的选择。如果不留意的话，有时很难看出我们所做出的决定将会如何影响自己未来的人生道路。

让我最无法忍受的一件事情就是，听到有人说"我必须"，或者从某种程度上来说，这个人"被迫"去采取某些行动。我主张不要过于推崇权威，因为，通常情况下，是没有枪指在你头上的。你必须要为自己的行为承担后果。我主张控制并管理自己在每一天所做的每一件小事，这样就足以对生活产生很大的影响。我们都曾听说过将问题转变为机遇的想法。事实上，你并不需要将问题转变成机遇，你需要做的仅仅是主动为自己创造一个机遇。问问你自己："在这种情况下，应该怎么样做才能够帮助自己？"

我们每个人都拥有的最强大的幕后力量来自内心对胜利的渴望，这是一种需要通过我们为自己打下坚实的基础才可以获得的力量。当我在会议上发言时，我会着重强调，对自己的核心价值观进行定期"投入"是非常重要的，这才是对我们而言真正重要的东西。这样做，有利于增强我们独一无二的价值、天赋和信誉。我会要求我的观众用几秒钟的时间，清晰地表述出三个对他们来说重要的核心价值观。一旦有哪位观众能够清晰地表述并解释自己的价值观，我就会要求这位观众对自己许下诺言，一定要坚守他为自己提出的三个核心价值观。

当你面对人生中的重要抉择时，要了解自己的核心价值观，并将它们时刻牢记在脑海中，这样，它就可以引导着你前进。无论你将做出何种抉择，都是为了努力成为你最终想要成为的那个人。这将会让你远离自我怀疑，帮助你按照预期的方式缓解压力，让你坚定地相信自己所做出的决定，因为你能够提出正当的理由来解释自己为什么做出这样的选择。这不仅是让你有信心做出抉择的绝佳方式，而且是一个让你在生活中获取成就的最好办法。

你的核心价值观对你而言是重要的，而不是其他任何人。时刻陪伴在你的家人身边可以作为一个核心价值观。同时，成为工作上成熟的典范也是一个极其恰当的核心价值观。成为一名拥有冒险精神的人，或者成为一名在工作上能够与同事愉快相处的人，都可以被视为核心价值观。事实上，无论选择什么样的核心价值观都不重要，唯一重要的就是，当你被别人问到的时候，能够很确切地知道自己的核心价值观到底是什么。虽然你可以被迫去做一些与自己的核心价值观无关的事情，但是，现在你需要练习的是，不要因为一件在某些方面对你有意义的事情而改变自己的立场。如果你始终坚守自己的核心价值观，那么无论发生任何事情都将无法改变你的立场。确立自己的核心价值观能够帮助你培养最真实的自己，让你听到内心深处最真实的声音，提高你的自我意识。

我并不是说你应该将自己的核心价值观限制在三个。人类是一种非常复杂的物种，所以我希望你可以拥有很多的核心价值观。但是，你需要从中选择三个对你来说非常重要的核心价值观，将它们作为你的伦理准则；除此之外的其他所有价值观，都将帮助你保持生活和工作上的协调。

我的个人核心价值观是谦恭、诚实以及优雅地失败。接下来，让我们来逐一了解这三个核心价值观。

谦 恭

对于不同的人来说，谦恭的涵义不同。对于我来说，谦恭总能让我想到一句话："如果你开始觉得自己像一条大鱼，那么你需要重新评估自己池塘的大小。"谦恭是指，我们承认存在着一种更加强大的力量和目标：我们每一个人都可以做出超越自我的贡献。有人认为，我们所做的所有贡献，都将有助于实现一件更加伟大的事情。这个想法让我重新找到了希望。

在我的双重职业生涯中（既是一名运动员又是一名工程师），我曾经见过很多有才华的人，然而许多人的光彩转瞬即逝，因为他们忘记了谦恭——过于骄傲自大会使他们无法达成最终的圆满。为了给别人留下深刻的印象，我们都在为了平衡谦恭与自信之间微妙的关系而不断挣扎，但是，我们总是在仅仅到达一个自认为比较合适的程度时便停下脚步，开始过早地享受胜利的果实，这时的我们就会止步于当前所拥有的技术水平、经验及受教育的程度。然而，时刻保持谦恭却又会让我们感觉度过每一天都好像在走钢丝。

2011年，我用了11小时40分完成了人生中的第二个铁人三项赛，也正是因为这一成就我受到了外界越来越多的关注。我人生中第一次被人们看作一名运动员而不是普通的参赛者。这是我失明后第一次感觉到自己真的可以做一些事情。那一刻，我觉得自己已经站在了世界的巅峰。在很大程度上，当时我认为自己无人能敌。

当我进入更高等级的比赛后——国际铁人三项赛联盟举办的短距离铁人三项赛——我很快意识到谦恭的重要性。我曾经是一只小池塘里的大鱼，现在跳进了一个更大的池塘里，在这里我感受到了很多成长过程中所必须要经历的痛苦。我第一次参加世界锦标赛就相信自己会赢得比赛，尽管我从未参加过任何短距离铁人三项赛。直至这场比赛之前，在我的铁人三项赛职业生涯中，我只参加并完成了 1 个半程铁人三项赛和 2 个全程铁人三项赛。有时，人们会认为短距离的铁人三项赛会更加容易，但事实上，它们是两种完全不同的运动。它们之间的区别就好像跑马拉松和跑 200 米短跑之间的区别一样。无论参加哪种比赛都要付出努力，但是取得其中一种比赛的胜利，并不意味着你能够赢得另一种比赛。

我喜欢并且经常重复的一句话是："自信这种感觉会出现在你完全了解自己的处境之前。"取得普莱西德湖铁人三项赛和得克萨斯州铁人三项赛的胜利之后，我的自信心获得了极大的提升。在完成得克萨斯州铁人三项赛后，我立刻就意识到自己有机会加入美国国家队，参加在中国北京举行的比赛。期望代表美国参加国际比赛的心情，让我的内心变得七上八下。对于铁人三项赛这项运动而言，我仍然还是个新人。在某种程度上，我觉得在那一刻之前，我所取得的所有成功都是基于毫无计划的训练和单纯的好运气。我已经非常努力了，但是，如果我想要超越自己，就要花费很多年的时间来完善我所需要的技能。值得庆幸的是，我刚好长了两条适合参加铁人三项赛的腿。

尽管如此，我仍然相信自己有机会在北京的比赛中取得胜利。在跑步项目上，我所用的时间与别人相比有很大的优势。在自行车项目上，我的总用时也令我充满信心。但是，在游泳项目上我却比别人慢，因为我才学会游泳一年而已。就这样，我带着膨胀的自信心，站在了国际比赛的起跑线上。但是，很快我便学会了谦恭。作为一名游泳新人，对水的恐惧感仍然在很大程度上阻碍着我。在游泳比赛中，大约有 1/4 的距离，我一直都在经受着强烈的恐慌。从当时的情况来看，我应该专攻游泳这一项，但是我却被自己内心最深处的恐惧吓住了。我担心自己的生命安全无法得到保障。

在我看来，一直被恐慌的感觉笼罩着是一件不合理的事情，而我又无法为自己找到一个合理的理由来接受这个情况。我的指导教练担心我不能克服对游泳的恐惧。然而，就在这一瞬间，我意识到完成任何事情都需要冒一定的风险。与此同时，我认为自己必须要做出一个选择：是不惧困难继续前进还是就此选择放弃。我曾经所做的一切努力，都是为了让自己能够在水中自由地穿梭前进。因而，我放弃了好的游泳方式，也放弃了让自己看起来更加优美的泳姿，而是采用了一种极端的狗刨方式，仅仅是为了完成剩下来的 600 米。

我们终于完成了游泳项目的比赛。接下来，更为残酷的是，我们要在跑步和自行车项目上将在游泳项目耽误的时间尽快弥补回来。在完成了让我感到丢脸的游泳项目、强有力的自行车项目，以及对我个人来说极为擅长的跑步项目之后，最终，我们取得了第三名，为美国队赢得了一枚铜牌。虽然，我将永远为自己第一次参加国际赛事就赢回一枚奖牌而感到自豪，但最为重要的是，这次比赛教会了我，要对队友和竞争者怀有真诚的尊重。在比赛过程中，我高估了自己，低估了队友。从谦恭这一课中学习到的经验教训，将会伴随着我度过日后的每一天。

开始比赛的那一瞬间，我就对自己的能力有了一个非常确切的了解，并且，我很清楚的是，自己并没有为取得最后的胜利而付出足够的努力。我并没有使用自己强大的心理力量来发挥自己的长处。在比赛中我将自大作为自己的核心价值观，而最后反受其害的恰恰就是我自己。我对比赛并未怀有应有的尊重，这让我在比赛结束后感到非常羞愧。比赛结束的那一瞬间我便知道，自己并没有表现出良好的职业道德，并且，我也并没有自己想象中那么了不起。

从这场比赛中我学到了很多东西，我认识到，当我们每面临一个新的挑战时，需要经历学习阶段，为自己打下坚实的基础。我保持谦恭是因为我知道那些与我同场竞技的对手为了赢得比赛都付出了努力，我也看到了他们展示出来的天赋和他们在比赛过程中所需要克服的种种困难。我希望自己表现出来的职业道德能够与他们相媲美，并带着对他们的尊敬，最终超越他们。

诚　实

每当我用到"诚实"这个词时，人们总是会认为我所说的是从外面看到的诚实。我相信外在的诚实固然是重要的，但是，我所指的"诚实"是一种内在的品质——拥有一颗诚实的心。

我每天都会听到很多借口和理由。借口就好像一条绊脚线，它只会阻挡你前进的道路。借口听起来类似于这样："我会的，但是……"我们都会找借口，并且每个人都可以非常熟练地找到一个借口，我也不例外。我曾经在应该进行游泳训练的时候睡觉，然后晚上又出去玩到很晚。但是，每一次，唯一受苦的人都是我自己。所以，如果你发现自己说："但是……"那么请记住，唯一会为这句话而感到后悔的人就是你自己。

除了你之外，没有人会被你为自己寻找的借口所打倒。例如，很多时候人们都会抑制不住诱惑，将垃圾食品带入到工作场所中，从而不仅降低了自己的工作效率，还有可能伤害身体健康。每一天我都可以说："我可以稍微放松一点，因为今天早上我进行了很好的锻炼。"虽然，我已经在内心为比赛做了全面的准备，但是，由于这些借口所引起的行为上的松懈，只会让我的运动员生涯变得更加困难。这些借口为我带来的只有负面影响。我并不是说永远都不应该吃垃圾食品。而是说应该尽量去考虑：你做出的每个决定将如何影响目标的实现。

理由亦是如此。一个理由可能以这样的形式出现在我们的生活中："我不得不妥协，因为这是我唯一的选择。"只有在很少的情况下，你才会不得不去做某事。当一个听上去非常合理的理由出现在你的言语中时，你就需要特别注意了。

我想要以身作则地成为一位始终诚实守信并且能够充分了解自己优缺点的人。出于某些原因，游泳这个项目有可能成为我的突破口。这就需要我具备精湛的技术和轻松的心态，从而帮助我成功地击败对手。为了在游泳方面获得更好的表现，我通过自身强劲的力量，强迫自己按照特定的方式进行游泳训练，就像拳击手那样，力量和技巧对于他们来说同等重要。因而，我需要学习如何放慢速度，并将注意力集中在学习一项强大的游泳技术上，这整个过程都在不断地考验着我的耐心。与此同时，当我在游泳的时候，还需要尽可能地保证对自己的诚实。我无法将游泳失败的责任归咎给其他任何人，如果我在某一天的训练中感到沮丧，这意味着我需要进行更多的训练。虽然挫折的出现是我们无法控制的，但是我们能够做的是采取有效的行动回应这些挫折，从而减少它们再次出现在我们实现目标道路上的可能性。

我总是尽量对教练和参赛选手持有尊重的态度，并且努力让自己成为最有耐心的人。同时，我不想让自己只是完成比赛而已，而是想要让自己真正地参与到比赛当中去，与其他竞争对手一起为了最终的胜利而奋勇拼搏。每当我开始进行游泳训练时，总是能够把自己找借口的天赋发挥得淋漓尽致。我曾经假装脚疼、谎称生病，甚至假装自己受到了某些人或事物的伤害。这是一个持续不断的"我与自己"之间的斗争。每一天，我都必须要提醒自己，不要寻找任何借口。通过对自己核心价值观——诚实——的不断练习，我开始慢慢地看到一些成效，并且，我确定自己在游泳方面已经获得了一定的改善与提高。不要让你编造的借口成为自己前进道路上的绊脚石。

优雅地失败

我提到最多的一个核心价值观就是优雅地失败。我相信，克服自我怀疑并不是一件容易的事情，害怕是致使我们产生自我怀疑的最主要原因，而且人们往往很难抑制这种感觉。我们都非常熟悉这三个与害怕有关的感觉：害怕失败、害怕被拒绝、害怕被否定。然而，我想要成为一个有梦想并且敢于尝试的人，而不是一个只有梦想并且从未尝试过的人。

习得性无助是指，如果一个人总被灌输他是一个没有能力的人，那么他就会认为自己真的没有能力完成任何事情。在这种行为或者心理状态的引导下，最终，人们会停滞不前。

在我的青少年时期，我仿佛经常听到一个响亮而清晰的声音对我说：大学不适合你；运动不适合你；所有好的事情都不适合你。当时，没有任何工具、方法、朋友或者燃料目标来帮助我改善状态。我为了打破这个"魔咒"做出的第一个尝试就是建立自己的燃料目标，但最终以失败告终。然后，我就告诉自己，我没有能力改善现状。从此之后，我便开始相信自己无法完成任何事情。我开始相信大学并不适合我，运动也不适合我，甚至所有好的事情都不会适合我。

由此，我便患上了习得性无助。

当我面对挑战时，我发自内心地想要相信这是一个盲人在任何情况下都无法完成的事情。与此同时，老师在课堂上对我的忽视更加强了我不如别人的感觉。根据当时的教育制度，学生每天都会有一段自由支配的时间，大多数学生会选择用这段时间开车回家，然而对于我来说，这是绝对不可能实现的事情。所以，我曾经尝试着提出拒绝被特殊对待，但通常都以失败告终。对于学校的管理者和老师来说，忽视我比关心我的学习更容易做到，所以，忽视就变为他们对待我的一个合理方法。时至今日，当有人对于我的期望（相对于正常人而言）有所降低时，我仍然会感到伤心。即使是在我的青少年时期，我也知道自己未来的道路将会非常艰难。

这段经历让我强烈地想要为自己创造更好的生活，从而帮助我改变自甘堕落的生活状态。虽然我完全不认为自己可以做到这一点，但是我仍然想要亲自去获得一个确切的答案。我知道对于这个问题，我唯一要做的就是努力尝试。因此，在高中的最后一年，我让自己全身心地投入到考取大学这件事情上。我决定参加盲人 SAT 考试，这是一个难度非常大的考试。我在努力为考试做准备的同时，晚上和周末还要在塔可钟打工。正是因为我人生中的这段经历，我养成了工作狂似的作息习惯。我知道自己落后于其他人，我也知道自己所做的事情会证明别人对我的否定是正确的。但是，我想为自己创造美好生活的愿望推动着我不断前进。每当有人轻描淡写地问我"如果……"的时候，我就产生无限的动力想要证明他们的想法都是错误的。经过很多次的尝试之后，最终，我被一所大学录取了。在这个过程中，让我永远感激的是，自己在年轻的时候有勇气并愿意承担失败的风险。

每一天，我都面对着恐惧，我害怕受到伤害或者被当作傻瓜。每一天，我都提醒自己，我宁愿成为一个愿意尝试并勇于承担失败风险的人，也不愿意成为一个从未尝试过的人。进入电子工程专业学习对我来说是一个非常重要的尝试，同时，我也因此而承担着失败的风险。虽然我并不知道接下来会发生什么事情，但是我认为自己第一个学期的考试一定会挂科，并且，我已经为此做好了充分的准备。正是在不断尝试以及不断与失败擦肩而过的过程中，我逐渐成为一名谦恭、诚实，宁愿优雅地失败也不愿放弃尝试的人。在这三个核心价值观的指导下，我从学习基础知识开始，循序渐进地完成了学业。失明之后，我在数学方面从未取得过任何成就。当我完成微积分课程的注册后，我才猛然发觉，自己在这门课程上毫无优势可言，甚至基本上不可能通过最后的考试。很快我便意识到，应该将微积分课程换成三角函数课程，但是，我必须要为此支付一笔再教育费用。因而，我决定放手拼搏一番。最终，我竭尽所能让自己通过了这门课程的考试，在这个过程中，我不仅战胜了自我怀疑，而且还向他人证明了我宁愿优雅地失败也不愿放弃尝试的人生态度。有的时候，后退一步能够给我更多的时间来迎接接下来所发生的事情。压抑自己的小优势当然会感到受伤害，但是，通常这种小小的不舒服与未来将会获得的回报相比，完全是值得的。

因为我始终坚持着宁愿优雅地失败也不愿放弃尝试的核心价值观，让我得以进入大学学习并最终成功地完成大学课程，取得电子工程学士学位。同样，也正因为这个核心价值观，才让我有机会在今天努力地追求自己的希望与梦想。

想象一下，当你向一个朋友表达自己的希望或梦想时，却遭到了对方的无情打击。再想象一下，你 29 岁，双眼失明，你告诉自己的朋友，你想要离开当前工程师的工作以及所处的工作环境，仅仅是为了成为一名运动员并参加他从未听说过的比赛。我相信，这样的谈话会非常艰难。再想象一下，将与朋友说的这段话告诉家人。"你们是否还记得，曾经你们都不认为我会成为一名工程师，但是我最终成了一名工程师？你们是否还记得，我成为工程师之后，每月获得的稳定报酬？但是，现在我想要放弃这份优越的工作和丰厚的薪水去追求自己的梦想。"这样的对话事实上是非常残酷的。

当我宣布自己已经辞去微软的工作后，我的朋友认为我是因为在微软无法站稳脚跟而被迫离开的，而我的家人则认为我疯了，所以才会放弃这份前途无限的工作。无论如何，我知道这是公开宣布自己的信仰和信念的最佳时机。那么，我会因此而承担什么样的风险呢？如果这个尝试失败了，我仍然是一位拥有学士学位的工程师。我总是可以再重新找到传统类型的全职工作。但是，我却很少有机会能够去追求并实现自己参加残奥会的梦想。时间飞快地流逝，我已不再年轻。为了能够抓住机会，成功地实现自己的光辉目标，我必须要全力以赴。我赌上自己的一切，甘愿为实现这个梦想而承担所有的风险。时间终将证明一切，但是我绝对不会后悔。我从来没有像现在这样快乐过。并且，我已经不用再担心经济上的问题。因而，我坚信赌上自己的一切去追求梦想无疑是正确的选择。

散发光芒

另一个对我来说非常重要的价值观就是散发出自身的光芒，我考虑将它作为自己的第四个核心价值观。在这个世界上已经充斥着足够多的看法和评价。我们每天面对着的挑战只会让我们感觉自己不够优秀。因而，我宁愿用自己的爱心和精力来帮助一些人，而不是击垮他们。无论是在赛场上还是办公室里，我都面临着竞争，其中，我最喜欢的便是能够发挥自己技能优势的竞争机会。但是，我最关心的却是在目标实现过程中所表现出来的诚实。我不想通过陷害其他人，而让自己的工作变得更加轻松。我想要成为一个令人振奋的、受人喜爱的、对团队成员都很友善的人。

我希望在日常生活中以榜样的标准要求自己，这样我才能树立起一个领导者的形象，这也是我的一个原则，因为在榜样力量的作用下，我经常可以清楚地约束自己。在我看来，你应该学会帮助他人成长，并且永远都不应该让一次积极的尝试或出色的工作被忽视。对你的队友和同事要心存感激。从长期来看，现在建立起来的关系，将会让你从中获益颇多。

燃料目标、火焰目标、光辉目标和核心价值观

作为一名合格的公众演说家，对我来说最重要的一个标准就是能够对其他人产生影响。为了引起他人的共鸣，你必须是可信任的、真诚的人。讲述一个令人信服的故事是比较容易的。但是，改变他人的行为举止和影响他人做出积极的改变则是非常具有挑战性的。每一位观众都有他们不同的背景、价值观、愿望和经验。为了能够对他人产生积极正面的影响，你必须要知道什么样的改变对他人会有帮助，什么样的价值观是崇高的，以及什么样的内容才能够满足当前观众的独特需求。

作为我的一项事业，创办 Blind Ambition 公司使我有机会向他人展示我对自己的核心价值观的坚持，从而帮助我建立起自己的领导价值观。我的光辉目标是帮助他人实现自己的最高理想。为了实现这个目标，我需要创造机会将我的人生经验与教训分享给大家。在这个基础上，我的火焰目标就是让自己从事指导他人、发表演说以及分享经验的工作，成为激励他们追逐梦想的力量源泉和帮助他们走向成功的工具。

如果我想要成功地实现自己的光辉目标，就需要不断地进行自我反思。通过对我已经取得的成功进行定期检查，自我反思能够帮助我在实

践的过程中严格遵守自己的核心价值观——谦恭、诚实和优雅地失败。对于我来说，我的自我反思包括：我真的能够发挥出自己的全部潜力吗？我真的能够像我希望的一样，成为激励他人追逐梦想的源泉吗？当我在面对比赛和工作中的竞争对手时，我真的能够发自内心地对他们展现出应有的尊重吗？就这样，每天坚持练习自我反思能够帮助我们尽早捕捉到那些已经偏离核心价值观的行为。

你的核心价值观就是你力量的基础。当你的行为与自己的核心价值观之间发生任何分歧时，都会逐渐地破坏你所拥有的力量。当你失去力量不得不停下来的时候，你将无法推动自己继续实现目标。每一次演讲中，我都会将观众的反应记录下来。我会经常问自己，是否曾经在哪里见过他们。我是否提供了足够有针对性的演讲内容来满足观众的需求——包括已阐述的和未阐述的。在日常的学习与生活中，我会记录下一些有助于提高演讲技巧的方式，从而帮助观众在听完我的演讲后，能够更好地实现自己的目标。

作为一名公众演说家，通过优先考虑他人的价值观，我能够更好地为自己创造新的机会。在每一次演讲时，我都希望我的观众能够感受到，帮助他们达成自己的成就对我来说是最重要的事情。除此之外，我还想让他们知道，指导他们每天为了实现自己的目标而做出正确的努力，对我来说也是非常重要的。因而，我想要为他们树立起一个以价值观为指导的领导者榜样，这就需要我不仅要不断地完善自己的核心价值观，而且要尊重他人对自己核心价值观的构建。

坚持自己的核心价值观，能够让我在追求自己光辉目标的道路上变得更加坚定，我的光辉目标是为观众呈现精彩的演讲，并在演讲中为他们提供有效的方法和技巧，从而激励和指导他们发挥潜力以实现自己的最高目标。当我养成时常自我反思的习惯时，我便获得了改正错误的机会，无论这个错误是什么，都将有助于实现我的燃料目标、火焰目标和光辉目标。不断的改进使我能够成为一名越来越强大的领导者，当我摆脱了不必要的阻力时，我便能够真正地实现自己的光辉目标——帮助他人取得成功。

小　结

● 只拥有价值观是不够的——你必须要用这些价值观去指导自己的生活，并且要为你身边的人塑造出与这些价值观相对应的形象。

● 在口袋、钱包或皮夹中保留一张写有你自己核心价值观的纸条，并且当你需要做出重要决定之时，将它拿出来作为参考。

● 每天练习自我反思。当你发现自己的行为与核心价值观出现分歧时，你就需要抓住机会，及时纠正错误。

● 试图找到一个与你的核心价值观和目标相一致的老板或公司——这能够让你每一天都活得非常真实。

● 遵循自己的价值观和目标去生活。在你的专业领域和个人生活中成为他人学习的榜样。

第九章

成为一名有韧性的人

逆境可以引导出人的才能，但是，这种才能在顺境中则处于休眠状态。

——贺拉斯（Horace）

　　当我们发现没有任何动力推动自己不断前进时，将会发生什么事情呢？每个人都曾有过这样的感觉：当下是我们面临的最后一次挑战——那么，难道说在我们前进的道路上将不再遇到阻碍？我认为，只要活着，我们就将不断地感受到前进的动力与挑战，就会在前进道路上遇到障碍，因而，我们要变得有韧性，时刻准备着卷土重来和继续战斗。值得高兴的是，人类生来便是一种生命力顽强的物种。无论我们将面临什么样的逆境、挑战和障碍，我们中的大多数人都会选择采用一切方式，尽自己最大的能力去克服并战胜它们。然而，这将是人生中最黑暗的时刻，在这段时间内我们一定是不知所措的，看起来好像随时都有可能失败，但黑暗过后，我们又常常会迎来最灿烂的朝阳。

　　我认为自己是具有韧性的人，并且了解如何成为一名有韧性的人。毕竟，我是一名进入电子工程专业学习的盲人，还有什么事情能够比这件事情更能彰显出韧性呢？当时，在没有任何支持与帮助的情况下，我仍然能够以优异的成绩完成学业。当我拥有了一定的能力之后，这又使我想要为其他盲人提供支持与帮助。还有谁能够比我更加具有韧性呢？

　　我知道，我们有很多机会可以成为一名具有韧性的人，同样，我们也很有可能成为一名善于随机应变的人。但是，这取决于我们什么时候、在什么地方以及使用何种方式来迎接那些将会阻碍我们实现自己目标的挑战。

韧性的本质（如何塑造韧性）

如果你认为韧性是一个人出生时就会具备或不具备的东西，那你就错了。美国心理学会的研究表明，塑造韧性是一个持续的过程，它需要人们不断地付出时间和努力。换句话说，韧性是可以通过学习得来的。当一个组织中的所有成员都具有韧性时，这些成员便能够很快地从挫折中恢复过来，并且愿意重新投入战斗，而他们所在的组织也同样具有韧性。

欧洲基金会为了改善人们的生活和工作环境，组织了一次研讨会来深入地探讨韧性的本质。研讨会上，通过对一些企业案例的研究和讨论，得出的结果表明人们可以通过学习成为具有韧性的人，与此同时，他们将商业韧性定义为：

● 一个组织从逆境中迅速恢复并积累经验的能力。

● 无论身处何种环境，都能够实现组织目标的能力。这里的组织目标是指为组织创造出长期可持续发展的价值，与此同时，想要实现这个组织目标，就要努力地学习并掌握那些有助于实现组织目标的各种技术与方法。

● 一个持续不断的过程。在这个过程中，通过经营与管理帮助组织达成最佳的工作成果。从长期来看，还要帮助组织保持竞争力、增加收益（包括利益相关者的收益）、维护组织的核心价值观。

● 培养成为最好的组织的能力（坚持卓越品质的能力）和不断地自我提升的能力（努力地为组织寻求变革机会的同时，也要坚持不懈地学习新理念和新技术）。[1]

虽然这些组织及组织内的成员需要一直面对着考验它们韧性的逆境

和挑战，但是，商业世界的变化速度日趋加快，就要求企业比以往任何时候都更加具有韧性。尤其是当意料之外的事情发生时，意外往往会推动人们发挥出自己最大限度的韧性。例如，一个重要的电脑系统崩溃或者自然灾害，这些意外都会使公司所拥有的精神与勇气受到考验。有韧性的公司往往比没有韧性的公司拥有更强的竞争优势。

当你无法应对自己所面临的商业挑战时，这些挑战就会产生明显的负面影响。IBM 在一份有关商业韧性的报告中指出，当一家公司的业务被中断时，无论是因为什么，由此而产生的经济影响足以摧毁这家公司。由于故障或停工所带来的间接影响，同样也会带来一定的损害，如失去市场份额、生产力下降、监管不达标或声誉受损。[2]

如果你需要通过锻炼才可以使肌肉充满韧性，那么，你将如何做才能使它们变得更强健？发现健康网（DiscoveryHealth. com）的研究显示，任何人都可以通过以下 10 种方法来塑造自己的韧性：

● 建立联系。俗话说："没有人是一座孤岛。"这是正确的。每当我们谈到如何接受挑战和从逆境中恢复过来时，都会得到很多帮助（这些帮助来自他人的支持、专家的意见及自身的意志力和力量）。为了塑造韧性，我们需要与同事、朋友、家人及其他人建立良好的联系。如果当前的环境无法让你与他人建立起足够的联系，那么你可以考虑在工作之余参加网络社交群体、加入社区组织或者参加其他活动，这些都将有助于你认识更多新朋友。

● 不要将危机看作无法克服的问题。通过运用我们足智多谋的大脑、丰富的专业知识、时间及金钱，没有任何一个危机是不能被解决的。即使当你无法花费大量的时间、金钱和资源去解决一个问题时，你仍然有很多机会去尝试用其他方法来解决这个问题。

● 将变化视为生活中的一部分。是的，我知道"变化总是会发生"这句话已经是陈词滥调了，但是，很多人仍然认为自己有能力与变化抗争、大大地减慢变化产生的速度，甚至使事物保持在当前的状态，不再发生任何变化。如果这听起来像是在形容你，那么你需要改变自己的态度。万物皆变，你越早接受这个事实——并且相应地修正自己的行为——就可以越快地塑造起自己的韧性，从而能够更有效地应对快速变化中的商业环境和市场趋势。

● 朝着自己的目标前进。每当你创造出一个小小的成功就会增加一些动力，不断增加的动力将有助于你战胜当前所面临的逆境。不要担心那些你无法完成的事情，你需要做的是，选出一个或两个你能够完成的事情，然后完成它们。任何能够推动你实现自己目标的事情都将是积极的事情，你应该每天至少努力地完成一件事。

● 果断地采取行动。当你在做决定方面表现得优柔寡断时，从困境中恢复过来对你来说就会显得非常困难。如果你在做决定之初，总是想着自己"应该或者不应该"做这些事情，而在做出决定后又频繁地改变主意，或者希望当前的情况会消失，这样就不需要你再做出任何决定，那么实现自己的目标对你来说将会变得非常艰难。如果你无法果断地采取行动，你所面临的这些问题就无法被解决。当你试图忽略这些问题时，它们仍然会存在于你的工作与生活之中，并不会凭空消失。况且，在这种情况下，有时候这些问题还会变得更加糟糕。所以，你需要能够果断地做出决定并采取明确的行动。

● 寻找自我发现的机会。逆境往往能够帮助我们发现最好的自己，我们应该看到自己在面对挑战的过程中所获得的个人成长。环境会使我们发生改变——在我们塑造韧性的过程中，环境往往会对我们产生积极的影响，从而帮助我们提高克服障碍的能力。不要认为今天的你与5岁的你、5个月后的你，甚至5年后的你都会是同一个人。事实上，你会随着时间的推移而不断发生改变。

● 积极地看待自己。你的公司之所以雇用你是有原因的——因为你是一个有天分的人，拥有知识和能力，并且知道如何更好地完成任务。想一想，当一个人无法解决工作中每天都会面临的挑战时，他的老板会愿意雇用他吗？不会，因为这是一个令人难以置信的、浪费时间和金钱的行为，社会上不会有任何一家公司愿意承受这样的损失。因此，你需要建立起自己内在的积极性，赶走消极性。与此同时，你拥有天分，可以战胜任何出现在你面前的困难。现在就勇敢地去战胜它们吧！

● 保持对事情的正确认识。是的，目前这些事情看起来很糟糕——甚至非常糟糕。它们可能确实非常糟糕，特别是针对目前的情况而言。如果你能够保持头脑冷静、心平气和，并且通过收集信息正确地看待这些负面的事请，你就会发现自己不再受那些负面事情的影响和支配。为了克服那些我们都会面临的、不可避免的挑战，我们需要塑造自己的韧性。

● 保持乐观的态度。无论你是否相信，事情最终都会好起来。如果你能够在事业、职业和生活方面都保持乐观的态度，那么事情有可能会变得更好。相对于持有消极的态度而言，持有积极的态度会让事情以更快的速度变好。

● 照顾好自己。如果你因为工作而变得筋疲力尽，无法得到足够的睡眠和锻炼，或者没有照顾好自己，你的韧性就会逐渐被消耗，遭遇逆境时就会显得束手无策。当你将自己照顾好，使自己获得充足的休息、锻炼、饮食，同时避免对毒品和酒精的依赖，你的韧性自然就会得到增强。通过这样的方法塑造起来的韧性有助于你战胜那些突然出现在你面前的挑战。[3]

我们都面临着问题

2014 年 4 月，我前往密歇根州的苏圣玛丽去照料身体每况愈下的父亲。作为一个成年人，我从未准备好有一天会失去自己的父母。无论我与父母之间关系是否融洽，无论我的父母是否看起来像是从诺曼·罗克韦尔（Norman Rockwell）的画中走出来的人物一样身体健康，相比于我想要父母陪伴在身边的心情而言，所有的这一切都不再有任何意义。我与父亲的关系很好，我们一直都很亲密。然而，我们之间最大的不同就是看待人生的态度。

有一次，我和父亲同坐在一辆车中，我告诉他，如果他能够在 60 秒内，不说出任何让人感到消极的事情，我愿意给他 5 美元。他可以说一些积极的事情、发表一些中立的观点或者保持沉默，就是不要说任何消极的事情。但是，他的回答却是："我不需要你的钱。"这就是我爸爸看待人生的典型态度。他是一个持有消极态度的人。而我却是一个非常积极的人，这就导致我们时不时地会发生争吵。抛开所有这一切不谈，我现在只希望看到他能够一直好好地活下去。我父亲的健康每况愈下，这使我的世界发生了震动，也让我感到非常难过。我赶到密歇根州，希望从医生那里得到一些好消息，同时，我想要尽自己最大的能力来帮助父亲恢复身体健康。

当我正忙着清理父亲的房间时，我接到了一通来自一个陌生号码的电话。这是我在得克萨斯州奥斯汀的一位邻居打来的。她说："不用担心，我会照料你的狗。"

这让我觉得很奇怪。因为，我的朋友会定时带卡米拉出去玩，为什么会需要我的邻居来照料它呢？我问道："哦，是它自己跑出去了吗？"

我的邻居回答道："不是的，你的房子着火了，是消防员把它救出来的。"

因为父亲的健康状况每况愈下，从周一开始我就一直处于情绪混乱的状态，并且我发现自己的处境开始变得越来越糟。我感觉自己已经失去了一切，但是这其中最让我感到痛苦的是，因为从苏圣玛丽到奥斯汀的航班并不多，所以我无法立刻返回奥斯汀去查看家里由于火灾而遭受的损失。等待的过程让我的精神备受折磨。

我是一名公众演说家，经常会做一些有关韧性的演讲，但是现在，我被迫要变得比以往任何时候都更有韧性。我当时感到非常害怕和悲伤。我所有的朋友都愿意竭尽所能地帮助我，我却不知道自己需要什么样的帮助。他们一直想要帮助我搬去另一个地方。但是，我一直在想：我的全部家当就只剩下半个手提箱的东西，这样的话，我其实可以直接搬到公共汽车上去住。当然，对于他们的关心与帮助，我心怀感激之情，但是，我实在不知道自己该如何回应他们的关心与问候。

我感觉自己好像在没有带降落伞的情况下被扔出了飞机，所有的事情都让我感觉措手不及。作为一名优秀的工程师，我相信自己一定有办法应对当前的情况，我要尽最大的努力帮助自己走出困境。我父亲是一个不喜欢表达自己情绪的人。与他不同，在公众的眼中，我是一个时刻都能保持冷静，总是努力地尝试解决问题的人，但是在酒店房间这个私密的环境中，我却完全崩溃了。我无法抑制地大哭起来，我不知道自己接下来应该怎么做。我有很多朋友，只要我需要，他们都愿意给我提供一个落脚的地方，但是，这感觉好像只是给我无家可归这个事实再贴上一剂创可贴而已，根本无法解决我的实际问题，因为我不可能永远都寄宿在他人家中。这让我感到更加无助。

我决定采取一种应对机制，即继续保持我正常的生活，并且采取一切办法来让自己避免胡思乱想。在这种情况下，想要重新站起来，就需要我能够迅速地投入到其他事情中，保持耐心，等待情况好转。因而，我提前从密歇根州返回奥斯汀，留下父亲一人独自照顾自己。在他最需要我的时候抛下他一个人，让我感到非常难受。我感觉，当两件紧急的事情同时发生时，我无法做出正确的选择。

我回到了奥斯汀，带着一箱在当地完全用不到的冬天衣物，住到了朋友的家中。很快，我便打电话预约了一个公寓看房服务，决心为自己找到一个新家。我原来的家已经完全被烧毁了，所以，我没有想过要再搬回去。

几天后，我回到默泽多继续工作。我尽量使自己不被人看见。我希望没有人会注意到我。我感到心碎，以至于我连一句完整的话都说不出来。我告诉老板，我感觉无论自己多么努力，还是看不到任何希望。我觉得自己已经到了崩溃的边缘。

不久后的一天中午，在我们的日程表上出现了一个很奇怪的会议，并且有着一个模棱两可的名字："战略规划活动，提供比萨饼。"我并没有想太多，因为我本来就计划站在会议室的最后面，不发表任何言论。

当所有人都到达会议室后，我被叫到前面，站在所有人的面前。我不停地在颤抖，因为我当时正处于万分沮丧的状态，尤其不想要引起他人的注意。随后，我的老板和同事拿出为我筹集到的 3 600 美元，希望通过这笔钱能够帮助我度过人生中最艰难的时光。我站在他们面前大哭起来。这时的我已经完全说不出话来。我努力让自己恢复平静，然而当我趁机溜进楼梯间后，便再一次抑制不住地大哭起来。他们为我筹集的这些钱，足够我重置家里的一切东西，而更为重要的是，他们这么做让我产生了一种归属感，这对我而言意义非凡。我被生活中的困境打败了，但是，他们的关心足以让我重新振作起来。嘴上说帮助是一回事，而真真切切地奉献出自己的一份力量来帮助我，这又是另一回事，他们的行动足以让我感受到他们对我的关心与爱护。

在获得他们的帮助之前，我从未想到自己会变得如此低落。坦白地说，在那一周，当我变得无家可归时，还随时有可能会失去自己的父亲，这对我来说，简直比失明还要痛苦，这让我变得一蹶不振。但是，同事们的帮助又让我渐渐好转起来，正是由于他们真诚的帮助，我最终得以从困境中恢复过来。如果没有他们的帮助，我绝对无法凭借自己的力量仅用两周的时间就克服困难，重新鼓起勇气迎接新挑战。

我们都需要拥有一个强大的支持网络；如果没有人支持，我们在这个世界上就会变得很孤单。不断地投入并建设你的支持网络，可以帮助你成为自己想要成为的那个人。当我非常需要他人的帮助但又不知道到底需要什么样的帮助时，我便会放弃寻求他人的帮助。然而，当我所具备的韧性被拉伸到极限时，就需要支持网络来帮助我缓解其中的紧张。在我看来，同事、朋友和家人为我提供的支持网络，比我以往买过的任何保险都有用。

我找到一间公寓。在我接到邻居打来的电话两周后，我破碎的人生终于又变得完整了。

在这整个过程中，我只错过了一天训练。虽然，当我感到流离失所并缺乏安全感时，我总会觉得很悲伤，但是，我也将永远心怀感激，如果没有发生这件事情，我将永远都不会意识到原来有这么多人都希望看到我取得成功。在我成长的过程中，我总觉得自己所付出的努力只不过是在为最后的失败而做准备。但是，在我人生最低潮的时候，我听到的唯一既响亮又明确的信息是："我们不会让你失败。"我一直觉得，当我遇到困难时，是不会有人递给我一根救命稻草的，然而，事实上，在我人生中最需要帮助的时候，我却感觉自己拥有一支军队，一支我从未意识到他们存在的军队。我带着同事、朋友和家人送给我的祝福和关爱，摆脱了让我感到伤心的状态，并且，让我感到万分感激的是，我从困境中恢复过来了。

我相信，韧性是我们在工作中获得并维持信誉的关键因素，它能够让我们拥有积极的人生，帮助我们实现自己的目标，培养我们获得幸福和保持生活与工作平衡的能力。正如我之前所说的，生活是艰难的，即使你的生活充满着美好的事物。在日常生活中，有太多事情会牵扯我们的精力。因而，培养韧性能够帮助我们每一个人，使我们得以在这样的环境中茁壮成长。韧性是情绪健康和心理健康的黏合剂，它能够让我们每一个人都可以快速地恢复到自己原来的状态，除此之外，我们还会携带一些工具或保留一些方法，从而能够帮助我们从那些不可避免的挑战和逆境中得以迅速恢复。

我非常喜欢在本章开头所引用的贺拉斯的名言。这句话所说的是，如果我们想要展示出自己的全部潜力，我们就需要接受逆境的挑战。如果我们从未接受过挑战，那么我们又将如何了解自己？如果我遇到一个从未经历过逆境的人，我不确定自己是否应该信任那个人。面对挑战是一件非常痛苦的事情，但是它对我们每个人来说都有积极的一面，因为它使我们有机会培养新的技能并展示我们所拥有的韧性，在这之前我们有可能并不知道自己具备韧性，或者并不了解自己具备多少韧性。

干　扰

为了把工作做到最好，一定程度上的集中精力是必要的，但是，当我们面对着不断更新的邮件、短信、电话和社交媒体时，往往很难找到机会集中精力。日常来自同事、家人和朋友的事情不断增多，每件事情都会吸引我们的注意力，使我们无法集中精力。管理这些干扰因素需要我们具备韧性，因为它能够对挫折甚至失望产生情感上的回应。如果我们无法做到自己所希望的那样，这就意味着我们必须要从干扰因素中抽离出来并迅速地回到当前的任务中去。

我通过以下两个步骤来应对干扰因素。

第一，找到最佳工作时间。有可能是在早上，当你的孩子上学之后，也有可能是在晚上很晚的时间，当其他人都进入梦乡之后。只需要集中精力一小时，就可以推动你向自己的目标前进。我喜欢在晨练过后的那段时间工作，在那段时间我拥有较高的工作效率，所以，我将早上8:30～9:00的时间用来处理当天需要完成的大部分工作。自从我开始实施这个方法，我就注意到，因为干扰而使我产生的挫折感出现了大幅度下降。

第二，每天拨出一小时的时间来与朋友、家人和同事进行沟通与联系。这样做，其实并不能确保万无一失。不可避免的是，仍然会出现这样一些情景，如人们认为有必要因为一些事情而打断你。但是，针对你的防干扰策略，与其他人进行沟通，说明你正在创造一个机会，一个让他人尊重你想要集中精力实现自己目标的机会。

社会矛盾

说实话，在我接触过的人之中，有我喜欢的，也有我不喜欢的，同时我也确信并不是每一个人都喜欢我。在公司里，我们有"不同的工作风格"，但是在一天结束之后，我们就都只是相互独立的个体而已。有一些人，我们可以和他们密切地合作并轻松地交流，但是，还有另外一些人，我们之间却无法做到这一点。在工作场所发生的矛盾会让我们感到恼火。在这种情况下，我们很容易为自己设下事业上的绊脚石。

在社会矛盾面前，我们必须拿出自己最好的一面，展示出自己的韧性。努力带着自己最真实的希望开始每一天，你会发现有一个人与自己有着共同的利益、目标，那么，你们之间就有可能因此而产生争斗。列出两三个常见的奖励也会对你产生一定的帮助。例如，如果有一个同事正在与我争抢相同的资源，那么，对我来说最重要的就是提醒自己，我们两个人这样做是为了同一家公司的发展。试图保持耐心是非常重要的。忍耐并不是不可能的——它是一种美德，可以帮助人们培养实践精神和奉献精神。耐心像其他任何技能一样，都是可以通过后天的训练而得来的。

堆积如山的工作

大多数人都会面对超出自己实际能力的工作，这会让我们感觉永远都落后于他人。但是，试想一下，这又将是另一个展示自己韧性的机会。我知道，当我眼前堆积如山的工作与日俱增的时候，依照我的脾气，我会甩手不干并直接走出办公室。当完成这些工作似乎变得遥不可及的时候，最难的部分才刚刚开始。

所以，当工作变得堆积如山时，我为自己设定了一个目标，额外增加30分钟用于集中精力地工作。虽然只有30分钟，我的工作量却得到了实实在在的增加。而且，除了这30分钟，我不会再付出更多额外的时间用来完成工作。当事情堆积如山的时候，我发现这反倒能够为我们带来一些好处，例如，我可以投入一些时间，通过亲身实践开发出新的并且高效的工作方法。正是在这种资源有限的时候，我们有机会学习使用新的工具，如心智图、组织战略、头脑风暴及其他创新的方法，从而帮助我们在更短的时间内完成更多的工作。

尝试其中的一种或两种方法，看一下它们会对你产生怎样的作用。

优先任务间的相互冲突

想象一下这样的场景：你有 10 件事情需要完成，所有这 10 件事情都非常紧急，需要你优先考虑——这是一种你每天都会面对的情况。在这种情况下，按照优先程度处理事情就变得毫无意义了。正是在这种情况下，我们需要了解，在履行自己职责的能力方面，压力会产生什么样的作用。陷入困境的感觉只会阻碍你前进的道路，然而，正是在这些时刻，你才更需要努力地争取胜利。你需要按照轻重缓急的顺序来推动自己完成工作，首先，挑选其中最简单的工作并完成它。然后，挑选并完成稍难一些的工作，保持这样的步调，由简单到困难，直到完成其中最为困难的任务。

如果这个策略对你来说并不适合，那么，你就需要弄清楚哪些项目更需要与他人合作，或者哪些项目可以同时完成。问问自己："在接下来的一小时里，我能够完成哪些工作？"采取所有方法，尽一切可能完成工作清单上的任务。如果需要优先考虑的事情之间确实出现了冲突，你就需要重新评估它们，并且确保你有相应的对策，从而帮助自己完成工作。为了确保你所采取的每个步骤都能够帮助自己实现最终的个人目标，你需要评估那些与你的燃料目标、火焰目标和光辉目标产生冲突的事情。

管理依赖关系

合作是很美好的，它可以使我们得到新的、更富有创造性的解决方案。在合作的过程中，我们可以从中获得培养工作上人际关系的机会，同时使我们与同事间的互动变得独特且有乐趣，从这个角度来说，合作使我们变得更加享受工作。但是，合作也会引起依赖关系，这会为我们带来另外的挑战，例如，我们被迫放弃自己的时间规划，而去依照他人的规划展开行动，或者将自己与其他人的时间规划合并在一起，这样有可能反而会需要我们用更多的时间去适应新的时间规划，从而降低工作效率，增加工作时间。

没有人可以控制项目的最终交付成果和项目执行过程中的所有事情。有时，在管理依赖关系的过程中，你会感觉到，原来自己一直在做着其他人的工作。当我们适应并找到更多的创造性解决方案来应对沟通上的挑战，从而实现一次成功的合作时，这便给了我们另一个展示自己韧性的机会。事实上，在管理依赖关系的过程中，我们不仅需要磨炼耐心，还需要通过理解同事们的忧虑来与他人建立起联系。我们首先需要设立一个假设，即我们拥有共同目标，但是，可能会有一些我们从未意识到的因素，不断地影响着我们以及与我们有依赖关系的人。基于这个假设，我们相信，管理依赖关系时所产生的韧性是建立在信任的基础之上的，即相信所有参与者的初衷都是最好的，目标都是一致的，并且都希望通过大家共同努力获得最终成功。

我们有大量的机会去展示自己的韧性。然而，我给你的挑战是，想一下，通过展示你所拥有的韧性，你是否有机会让自己变得与众不同。想出其中 3 个机会，然后，详细地描述出一个可以让你今天就做出改变的行为，进而开始着手培养自己的积极习惯。需要记住的是，培养一个积极的习惯，需要在 21 天内不间断地练习。如果你能够坚持每天练习这个新的行为习惯，那么，它就会成为你的第二大天性，并且，你会因此而拥有更好的韧性，从而使自己变得更加优秀。

为了消除人们对盲人的误解，我每天都在坚持提高自己的韧性。我相信，这个世界其实并不期望我能够做出多大的贡献，所以人们才会对我的能力和取得的成功表现得非常吃惊。人们对于盲人的先入为主的看法总是会对我造成伤害。每当我产生冲动，想要向他人证明自己的时候，我便会提醒自己保持情绪的稳定。这让我意识到，当我面对人们对盲人的误解时，我应该改变自己的态度。我认为自己必须要改变面对伤害时的反应——可能在这个过程中会出现的最糟糕的回应就是自我防御。其实，我很清楚的是，在那些时刻，对于那些对盲人有误解的人，我可以选择为他们做详细的解释，也可以选择忽略他们继续沿着自己的道路前进。

与他人交流自己的不同需求

你曾经遇到的每个盲人都会有不一样的需求。对于我来说，最迫切的需求就是受到人们平等的对待——我希望同事们对待我能够像对待其他正常人一样。我不需要人们对我特殊对待，也不需要被人们看作一个特殊的人。我只希望自己被看作能够在工作上做出贡献的人。可能我无法表现得比其他人更好，但是，最起码我可以保持在与其他人相同的水准上。

为了实现我的这个需求，我与同事们交流了自己的想法和雄心抱负，这样他们就知道了，在工作上，我不仅仅想要成为一名参与者，而且想要成为一名领导者。在与同事的交流过程中，我向他们表示，不管我是不是一名残疾人，我都会努力实现自己的想法。其实我真正想要说的是，不管我遇到任何挑战，都不会放弃实现自己的梦想。我总是想要去证明自己拥有很好的韧性，所以在这种情况下，我需要摆正自己的立场与方向，从而帮助自己在未来获得持续不断的成功。

承担适量的工作

我感觉自己需要在每一天的工作与生活中证明自己的价值。我努力地工作是为了让自己相信，自身缺陷并不会成为我前进道路上的阻碍，我面临着所有正常人都会面临的挑战，并且，我相信，当我的工作质量有所提高时，我的价值就会自然而然地得以体现。逐渐地，我成了一名拥有很多成就的工作狂，并且，我觉得，除非发生一些事情打破我当前已经形成的工作与生活之间的平衡，否则我会一直保持这个状态直至倒下。我清楚地知道，这种状态并不利于我实现自己的最终目标，因而，通过平息内心对实现成就的欲望，我将工作量减少至适当的水平。这样一来，我不仅能够更好地完成工作，而且可以在工作的过程中展示出我所拥有的韧性。

我愿意通过改变自己的行为来建立起自身价值。无论做任何事情，我总是想要成为最积极的那个人，希望以此让人们认为我是最有能力的人。然而，承担超出自己实际能力的工作只能证明我的能力有限。因而，我开始仔细地挑选自己能够承担的任务，同时努力为自己创造取得成功的条件。当我的行程开始变得不再那么紧凑时，我可以更好地体味意想不到的、真实的人生。

韧性是一个经常被使用的词汇，但是频繁的使用会让它失去自己原本的意义。这就需要你重新审视韧性对你而言到底意味着什么。你需要对自己面临的挑战心怀敬意，然后制订计划将它们解决。这样才能让你在这个基础上逐渐培养一个能够帮助你塑造韧性的习惯。记住，逆境会赐予我们很多意想不到的东西。它提供给我们每个人展示才华的机会，没有它，我们有可能永远都没有机会将才华展示出来。

将韧性运用到工作中

当我决定离开微软创建自己的公司 Blind Ambition 时，我就知道自己已经选择了破釜沉舟。当我进行离职谈话时，我对自己即将拥有的新事业感到异常兴奋，甚至想要鼓动与我谈话的人力资源部员工跳槽去我所创建的公司。我相信，任何一个人，从一份舒服的高收入的工作环境，转换至一份自主创业且收入不稳定的工作环境时，都可以理解我将会面对的挑战与我的预期并不完全相同。对我而言，最大的恐惧就是失去收入来源，无法支付我的基本生活费用。事实上，在我成立了自己的公司之后，挣钱反而比我预先想象的更容易。我发现自己当时真正的问题来自精力而不是收入。

最初，我计划开发出一套通用的演讲内容，然后根据观众的需求做一些细微调整。在我感到无聊至极之前，我成功地用这套演讲内容完成了两个月的演讲。很快我便意识到，如果我的演讲内容无法加入新的、被观众认可的生活经验和教训，那么这个新的职业生涯对于我来说将不会持续很久。因此，我加快了演讲的速度，并且设计了至少 10 小时的演讲内容，我为每个客户都量身定制一套新的演讲内容，并且分别就这些内容进行了演讲前的排练。

我相信，当我为自己工作时，我的自身价值就取决于自己。因此，我为自己的演讲服务设定了一个更高的价格，这意味着我又把自己逼上了另一个绝境。但是，提高质量的同时降低数量又为我提供了一个展示自身韧性的机会。在公司刚成立的最初几个月，我就已经累得无法支撑下去了，我来往于全国各地，不仅收入很少，而且频繁出差让我没有精力继续进行训练。很快我便发现，自己正走在一条通往失败的道路上。为了取得成功，我必须勇于承担风险，我不得不重新定义自己的业务和产品，从而保证我的观众能够享受到一场富有真实性和诚意的演讲。为了让自己拥有持续不断地增强自身韧性的能力，我愿意挤出一些时间用于与他人建立起亲密的人际关系。我还要保证自己有充足的时间进行休息，从而让我始终保持一个积极向上的人生态度。

虽然我对现在的工作内容非常满意，但是，我发现自己处于过度劳累的状态。当我将时间用于前往客户所指定的地点进行演讲时，我很难再找出额外的时间进行训练。如果我无法参加训练，那么，无论是在保持比赛竞争力方面，还是在发展演讲职业生涯方面，都会为我带来不利的影响。并且，我不希望其中任何一方面受到影响。

通用的演讲内容让我的演讲变得异常平凡。我不得不重复同样的演讲内容。虽然，创作新的演讲内容会消耗我很多精力，但是这会让我呈现给观众更好的演讲。于是，我决定，如果尝试创作新的演讲内容所带来的风险是我可以承受的，并且可以得到观众的喜欢与认可，那么我就需要将自己的精力作为最珍贵的资源保护起来。因为我相信自己只有在精力充沛的情况下，才能创作出更好的演讲内容。因为，如果我没有流露出真实的感情，就无法创作出如此受欢迎的演讲内容。在这个过程中，我知道自己必须要放弃一些东西。为了在减少演讲次数的同时维持收入，我需要在一些重要的嘉宾面前演讲。之后，我开始倾向于将演讲举办在能够容纳较少人数的精品店里。与此同时，我还决定参加一些重要的政府机构的演讲，并借此来提高自己的演讲邀请门槛。

我的光辉目标是，通过与他人分享我的失败和成功的经历，帮助他人实现自己的最高理想。我的火焰目标是，增加我的演讲观众，同时保证他们能够享受到一场真实和富有诚意的演讲。我的燃料目标是，持续不断地获得新经验，保持自己的健康情绪，并且坚持为自己制定每日任务。

　　放弃微软带给我的安全感，进入不稳定的自我创业阶段，事实上并不容易，但是，我最终做到了。在这一过程中，我拥有无数机会去塑造自己的韧性。虽然我总能维持较好的韧性，但是，持续不断的练习仍然会让它变得越来越强健。在这一点上，我真心地认为，没有任何灾难是我无法面对的，也没有任何危机是我无法克服的。现实生活带给我的磨难，已经让我进行了一遍又一遍的测试，我坚信自己拥有从困境中迅速恢复过来的能力。

　　什么样的困境是你偶尔会面对的？又有什么样的困境是你会持续不断地面对的？你将如何解决它们？你是否能够列出一个帮助你克服这些困境的支持网络（包括你的同事、朋友和家人）？抓住每一个能够帮助你塑造自己韧性的机会。你会发现，你越是培养自己迅速从困境中恢复的能力，你就越有能力去面对更大的困难。

小　结

　　● 你可以通过以下各种方式来塑造自己的韧性：建立人际关系，将危机视为可以解决的问题，接受改变，朝着目标不断前进，采取果断的行动，进行自我探索，拥有积极的自我形象，以正确的视角看待事情，充满希望，照顾好自己。

　　● 同时处理多个任务是一个神话。试图同时完成太多任务会导致工作质量降低。减少工作环境对你造成的干扰，集中全部精力来完成每件任务。

　　● 当你与其他人产生分歧的时候，通过寻找你们之间的共同点来展示出你在人际关系中的韧性。在产生共识的基础上，你们将成功地达成一致。保持耐心，你会从中获得回报。

● 当工作堆积如山的时候，你需要拿出一段额外的时间来完成堆积已久的工作。学习一项新的技能，从而让你的工作变得更加高效。

● 将你的工作按照优先顺序排列起来，并按照这个顺序逐个处理自己的工作。这样做会帮助你避免失败，并且，在这个过程中，可以将你推向自己的极限。

● 不要承担超出你实际能力范围的任务，这会让你消耗自己保持已久的韧性。

第十章

建立意志力和以目标为中心的习惯

我们重复做什么，就会成为什么样的人。优秀不是一种行为，而是一种习惯。

——亚里士多德（Aristotle）

　　意志力不是一种与生俱来的能力，而是一种需要后天培养的能力。它是一种将实现长期目标的要求凌驾于满足即时需求之上的能力。当你做出一个决定时，无论是大决定还是小决定，意志力总是能够帮助你预测到由这个决定所导致的结果。心理学家马丁·塞利格曼（Martin Seligman）的研究表明，自制力（或意志力）可以比智商更好地预测长期成功。

　　在过去的日子里，我不断地提醒自己，虽然我不是一个有天赋的人，但是我拥有非常强大的意志力。当我觉得自己在学校里可以轻易地战胜困难时，这就意味着我已经拥有了能够克服自我怀疑的能力。我认识到，在意志力和自制力的帮助下，我可以获得成功并且战胜来自任何人的挑战——在任何地方，任何时间。但是，我也知道，如果我无法通过练习将意志力变成一种日常习惯，那么它就会慢慢消失。

自制力、意志力和习惯的力量

　　美国心理协会的调查显示，拥有自制力和意志力的人往往会获得积极的成果，包括更加健康的身体和心理、更好的财务状况、自尊心的提升、较低的滥用药物概率、更好的成绩。一些社会学家将意志力比作肌肉，认为它可以像肌肉一样变得更加强壮，但是过度使用也会损害它，这就是我们所知道的意志力枯竭。多伦多大学研究人员的调查显示，人类大脑中某个部分的活动与认知能力相关联，这部分被称作前扣带皮质。当人们凭借自制力完成任务并使自己的意志力消耗至枯竭时，大脑该部分的活动就会出现明显的降低。[1]

在决策过程中，通过对违反决定的行为制定相关的惩罚措施，我们可以培养健康的生活习惯以增强意志力，从而使我们自动地做出积极的决策，进而降低自己意志力的负担。减少人们在做出积极决定时对意志力的消耗，将有助于人们在日后的工作与生活中自动并一直做出积极的决定。

当一个世界充满着食物的诱惑、引人分心的事物以及张口即来的借口时，我们都面临着为了维护自己身体、情感和心理健康而进行的持续不断的挣扎。同样，在我们做决定时也面临着不断的挣扎。我们觉得，一旦我们做出一个正确的决定，就值得好好奖励一下自己，但事实是，每一次我们都放弃了这个应得的奖励，这使得我们做出下一个正确的决定会变得更加困难。因而，这就需要我们使用"删除"这个选项，删除所有会引起我们挣扎的事物以及由此而产生的挣扎，从而帮助我们将自己从意志力的消耗和筋疲力尽中拯救出来，并培养一种健康的行为模式。

美国心理协会举办的一场名为"美国压力"的年度调查显示，27%的美国人指出，缺乏意志力已经成为他们最需要克服的障碍。然而，绝大多数受访者都对这一问题持乐观的态度。调查显示，他们相信意志力并不是与生俱来的，而是可以通过后天的学习与培养建立起来的。[2]意志力是一种通过有目的的努力而开发出来的技能。

罗伊·鲍迈斯特（Roy Baumeister）就职于美国佛罗里达州立大学，他是意志力和积极改变领域的主要研究人员之一。他的研究表明，在人的一生中，当人们正在被影响着发生积极的改变时，有三个因素会在这个过程中发挥作用。

第一个因素是建立动机。这是通过本书所呈现的燃料目标、火焰目标和光辉目标来实现的。将你的光辉目标与自己情感内在的最高动机相联系，再与你的燃料目标及日常习惯和行为联系起来。

第二个因素是监测与你的目标相关联的行为。选择一个或两个能够支持你实现自己光辉目标的行为，并在 21 天内持续不断地实践这些行为。在 21 天的实践过程中，你所采取的行为将会得到实践的检验。如果检验结果表明你所采取的行为是不切实际的，那么持续这个行为只会渐渐地让你受到伤害。例如，你的目标是在一周内得到晋升，通常情况下，这目标可能需要一年或更多的时间去实现。你在 7 天之后很可能发现自己并没有获得成功，这会让你产生被击败的感觉，从而使你受到一定的伤害。通过实践的检验来为自己设定一个取得长期成功的目标，最终，努力工作的成果会让你看到并感受到自身的改善与提升。

第三个因素是通过实现在生活中的积极改变来培养自己的意志力。培养意志力可以通过以下三个方法实现：做出有责任心的决定、以健康的方式保持专注，以及发自内心地希望自己的生活能够变得更加轻松。马克·穆拉文（Mark Muraven）博士与他的研究团队在奥尔巴尼大学进行研究时发现，那些意志力容易被消耗的人，他们会觉得自己的自律行为不是发自内心的，而是被迫的——相对于那些被自己内在的目标和愿望驱动着的人而言，他们的意志力确实更容易被消耗。马克提到："就意志力而言，一个人为了取悦自己所拥有的意志力，将高于一个人为了取悦他人所拥有的意志力。"[3]

养成一个健康的习惯之前首先需要学会自律，这样做的好处是，让自己对这一健康的行为形成自然反应，随后你便会发现纪律对自己产生的约束将逐渐减少。培养积极的条件反射将有助于你获得长期的成功，进而帮助你实现自己的最终目标。我曾经读到的一篇文章提到，使奥运会运动员变得与众不同的原因，就是他们所拥有的忍受"无聊"（乏味而重复的训练）的能力。我相信，他们其实并不想这样，但严苛且自律的训练生活让他们在不知不觉中形成了这种强大的忍受"无聊"的能力。如果运动员想要在运动方面变得出类拔萃，他们就需要不断地做出细微的调整并完善自己的一举一动。与此同时，他们还需要付出更多的时间和精力，摸索一套专属于自己的训练方式和技巧。然后，他们需要对每个动作进行不断重复，直至自己感觉自然顺畅为止。

培养健康习惯与塑造肌肉的记忆力极为相似——一旦你形成了完美的健康习惯或肌肉记忆，就不需要再经历任何的决策过程。它就好像释放了你的"自动驾驶"能力，让你能够条件反射般做出正确的决定。与此同时，值得高兴的是，这种"自动驾驶"能力是完全由自己掌控的，从而保证事情能够按照你所规划的道路前进。有目的的练习和坚持可以使你自然而然地朝着自己的目标不断前进。

不良的生活习惯会让你的工作变得更加艰难，并且会带你远离自己的目标。但是，好消息是，建立一个好的习惯大约只需要付出与建立一个坏的习惯同等程度的努力。大约 21 天人们就可以养成一个新的习惯，无论这个习惯是好的还是坏的。所以，在培养一个新习惯的过程中，需要记住的是：

- 你有能力使自己养成一个积极的习惯。
- 你有能力在一个坏习惯给你带来困扰之前就将它改正过来。
- 仔细考虑那些你想要养成的习惯，并且将这些习惯作为保存能量的手段，进而为自己带来更加强大的力量。

如何培养有针对性的习惯

最为重要的是，如果习惯是有效的，那么它们就能够支持你实现自己的目标。回顾自己的燃料目标、火焰目标和光辉目标，确定出一些最终能够帮助你实现自己光辉目标的行为。最关键的是不要被自己内心的恐惧、犹豫和怀疑击败——只选出两三个让你想要立刻改变的行为。然后，用一分钟的时间写下你对以下三个问题的回答：它们将如何帮助我？我需要做什么？我什么时候才可以收到成效？回答问题之前，你需要确定自己最终想要实现的目标是什么，然后，尽自己最大的努力，并切合实际地回答这些问题。

它们将如何帮助我

一旦你真正地确定实现自己目标的意义、意图以及执行方法时，你就需要用 21 天的时间培养一个新的行为习惯——这些时间足够你将这个新的行为转化为潜意识和自动化的行为习惯。如果你间断了一天，也不要担心。记住，这是一个自我完善的练习，并不是在培养极度的完美。如果你犯了错误，要宽容地对待自己，对于那些自始至终坚持着自己新习惯的日子，要始终心怀感激。积极地强化那些新习惯，这对行为习惯本身会产生积极的成效。当你成功地为自己培养起新的、积极的行为时，要记得为自己鼓掌。

正当我面临着同时处理两大危机的困境时（父亲的健康状况恶化以及我失去了自己的公寓），我决定培养一个新的行为习惯，即培养自己的支持网络。我沉浸在痛苦之中，情感上的脆弱让我感觉濒临崩溃。长期处于这样的状态下，并不利于我的身心健康。因此，我决定建立一个新的应对机制，即在接下来的 21 天里，要不断地向朋友和家人表达我发自内心的感激之情。

我需要做什么

当我决定培养一个新的行为习惯后，首先需要了解的是，在这个过程中我需要做什么。就实际行动而言，我想要尽可能地保持简单。对于那些支持我的人，我想要每一天都为他们送去一份饱含真挚情感的感谢：一个短信、一封邮件或者一通电话——使用快速又简单的方式向他们表达出我内心深处的感激之情。这些新的行为其实并不需要花费很大的力气。但是，我必须要坚持从小事做起，持续不断地完成自己的燃料目标。愚公移山并不是一蹴而就的，从今天开始，着手去处理那些在你掌控之内的事情吧。

我什么时候才可以收到成效

对我而言，在向朋友和家人表示感谢之后，我希望能够立即收到他们的回复。我的目标是，加深与他们之间的联系，并且通过日积月累的努力来提升自己的观念与态度。在我人生的最低谷，那些不求任何回报的帮助让我觉得自己并不是一个孤立无援的受害者，所以，在接下来内容中，我要讲的是如何培养积极的观念与态度。

培养一个积极的习惯，关键是自始至终地坚持和持续不断地努力。我在手机上设置了一个连续 21 天的提醒。我要求自己必须要在提醒响起之前完成所有工作。让我感动的是，一直以来都有这么多人在背后默默地支持着我，所以，每当我看到提醒时，就会自然而然地使用身边的通信工具向他们发出感谢的话语。然而，对于其他需要周密计划的行为，可能会需要用到定时提醒。例如，如果你想要练习一种特定的运动，那么，为了准时参加练习，你需要准备合适的食物、衣服和交通工具，在这种情况下，你可能就需要将提醒设置在前一天晚上或者练习开始前的两小时。

我非常享受有规律的生活，喜欢每天在固定的时间去健身房，习惯每天都吃大致相同的食物。我取得成功的关键是自始至终的坚持和以健康的方式打发无聊的能力。如果你的生活本来就是变化多端的，那么相同的日常规划将不会让你感到无聊，然后，你需要做的就是培养一个对你而言意义非凡的"触发器"。例如，你打算开始一项运动计划，但是，与此同时，你又觉得厨房需要尽快打扫，或者需要完成一些无关紧要的任务，在这种情况下，用慢跑代替原本的运动计划将会是一个不错的选择。慢跑代表你没有心情执行原本的运动计划，但是又不会让你搁置这个运动计划，因此，慢跑可谓是一个非常合适的"触发器"。在你知道它是否合适之前，无论你所选择的"触发器"是慢跑还是呼啦圈，它都将自然而然地引导你培养起一个新的行为习惯。在你已经付诸行动后增加新的行动是为了对未来的行为习惯产生影响。

在培养新的行为习惯的过程中，永远都不要低估那些支持你的力量。如果一个习惯对你来说尤其重要，而你还可以邀请一位朋友与你一起培养这个习惯，那你就应该毫不犹豫地邀请自己的朋友与你一同培养这个新的行为习惯。召集一些人形成一个培养健康习惯的伙伴联盟——当我们与朋友在一起时，便倾向于使用某种特定的方式来培养起自己的行为习惯。始终努力让自己身边围绕着这样一群人，他们是你希望塑造的行为习惯的典范，或者他们与你一样都在努力地寻求自我完善。当你的身边包围着与你有着共同目标的人时，你取得成功的可能性将会大大增加。

不要害怕用好习惯取代坏习惯。如果你的目标是阻止一种消极的行为，比如，在工作时将过多的时间花费在网络上，你可以在每一次感觉自己快要迷失在网络里时，站起来走一走——用一种积极的行为代替消极的行为。

暴饮暴食一直以来都让我备感挣扎——当我感到心痛或者压力大的时候，我所需要的并不是垃圾食品，但是我又很难让自己停止吃垃圾食品。我一次可以吃掉非常多的食物。尽管我经常会吃一些健康的食物，但是，无节制的暴饮暴食仍然会影响我的身体健康。我发现暴饮暴食的行为有助于掩饰我的不安，这才是我想要通过这个行为达到的最重要的目的。但是，随着暴饮暴食为我带来越来越多的消极影响，我宁愿借助其他行为习惯来为自己排忧解难，也不愿再狼吞虎咽地将食物塞进嘴巴。因而，时至今日，每当我想要用盲目的进食来填补自己的空虚感时，我就会将电话关机并留在家中，然后带上我的狗出去散步。慢慢地，我开始觉得这是训练自己释放所有负面情绪的最好方法。

绝大多数人都会认为，高度自制和控制有度也是一种力量。事实上，压抑脆弱的情感和面对事情时的自然反应只会消耗我们的意志力。创造一个积极的方式来表达自身的情感，并以健康的态度面对自己性格中的弱点，这都将有助于消除让我们备感挣扎的坏习惯。我身边的人都知道，无论身处何种环境，我总是能够保持平静。在一次公司年度回顾大会上，我得到了这样的评价："我曾经认为帕特里夏是因为不明白发生了什么事情才表现得非常平静，后来我才意识到，原来她本身就是一个异常冷静的人。"我很感激自己拥有保持平静的能力，但是，学习如何将情感脆弱的一面表达出来将会帮助我解决一些根本性的问题，从而有助于减少我的意志力损耗，保护原有的意志力储备。

我每隔一段时间就会颇费苦心地为自己设定一个目标，为自己培养健康的行为习惯，这样我就可以更好地应对生活中的考验并打破那些不健康的生活模式给我带来的消极影响。与此同时，我也在努力解决自己在情感方面的问题。我发现，对情绪和感情的压抑，不仅会消耗自己的意志力，而且会使自己放弃与他人拉近关系的机会。

你无法从一个消极的动机中获取任何回报。因此，当你正在培养自己的肌肉记忆和好的日常习惯时，需要记住的是，你的目标就是从中获得提升。内疚或自卑只会让你变得更加黯淡无光。记住，在实现目标的过程中，你努力获得的改变将会为你和你爱的人带来更多的好处。这也就激励着你，为了自己和自己所爱的人努力改变自己。当你发现自己不再产生不安和消极的情绪时，你应该为自己所取得的成功感到高兴。一旦你开始从中看到一些成效时，要将你的胜利分享给自己最亲近的人，写下来或者采取其他方式提醒自己，从而鼓励自己从中获得持续不断的进步。

习惯既可以为我们带来无穷无尽的财富，也可以对我们造成极大的伤害。但是，值得高兴的是，我们的习惯都开始于一个选择。记住，我们现在采取的每一个行动都是在为自己未来的行动奠定基础，并且，我们现在所采取的每一个积极的行动都将有助于为自己培养健康的行为模式。相反，消极的行为只会使我们做出更多负面的决定。

我一直都很喜欢父亲曾经说过的一句话："我曾经有很多次都选择了错误的方向，直到今天，我对自己曾经所犯的错误仍然感到非常熟悉，因为我又犯了同样的错误。"错误的习惯或者是一个未能及时纠正的错误习惯都会引导我走上父亲的老路。事实上，我们要推行的方法是已经经过实践检验的方法，我们要适应的环境则是我们为自己所创造的环境。因此，我们有责任为自己创造健康的生活方式和行为习惯。以下每个问题的答案都对应着一个行为习惯，"我将如何表现？""我将邀请谁进入我的社交圈？""我的目标是什么，以及我应该如何努力地实现自己的目标？"你应该有意识、有目的地做出这些选择，并且要能够清晰地认识到自己的燃料目标、火焰目标和光辉目标分别是什么。认真地培养自己的习惯，这样才有助于你实现自己的最终目标。

工作中的习惯

在我进入微软工作之初，我并没有系统地安排日程的习惯。我从未考虑过借助日历来提高工作效率，我从未系统地了解过时间管理或任何有效的交流方式。这成为我当时所面临的一大问题。进入微软工作就意味着我要面对从未处理过的、超负荷的工作量。很快我便意识到，我需要做些什么来帮助自己让工作变得更加有条理，这可以使我在工作上居于领先地位，而不是一直落后于他人。我无法立刻知道一些方法或技巧是否能够帮助我在完成繁重工作的前提下，还可以在工作上处于领先地位，但是，我当然非常希望最终可以达到这种效果。

午餐时间，同事间会相互交流读过的有关提高效率的文章以及自己曾经使用过的时间管理方法。我当时认为这是我能想象到的最无聊的话题。过了大约一个月的时间我才明白，他们谈论的那些提高效率的建议正是我当时所需要的。这也就表明了，我身居人后的原因并不是我的视力障碍，而是因为我并没有竭尽全力地提高工作效率。我身边遍布着各式各样的工具，它们可以用来帮助我提高工作效率，我现在需要做的只是学习如何使用它们。

在这个过程中，我成为几个商业刊物的忠实追随者。我阅读一切可以找到的资料，希望帮自己养成一些积极的行为习惯。在使自己的工作变得更加有条理的同时，我还希望自己能够在工作上处于领先地位。通过从这些刊物中收集到的有效信息，我为自己建立起一套健康的行为习惯，并将它作为帮助我实现目标的有效工具。除此之外，与同事的谈话也让我受益颇多。无论是作为一名工程师还是一名运动员，在这套行为习惯的帮助下，我不仅能够跟上其他人的步伐，而且还超越了一部分身体健全的人。

当初微软选择雇用我，是因为我的燃料目标、火焰目标和光辉目标可以向他们和我自己证明，我拥有取得成功的一切特性。然而，为了拥有这些特性，我必须要克服对自己能力的不切实际的预期，不断地学习新知识并积累经验。首先，调整我的火焰目标，使它能够满足我所有的关键目标；其次，要找时间将自己所想到的创新思想都记录下来，并使用它们努力地帮助公司和产品实现创新与进步；最后，我的燃料目标是完成更多的日常任务，因而提高每天的工作效率将有助于我将更多的时间和精力用于相关的产业研究。

我的座右铭是：

> 我们现在采取的每一个行动都是在为自己未来的行动奠定基础。

你所做出的每个决定都很重要。因此，你也就无法再使用"就这一次，下不为例"的理由。一旦你开创了先例，允许了拖延行为，那么，当下一次出现同样的情况时，拖延还会再一次出现。如果你开创了一次错过训练的先例，那么你就有理由错过下一次训练。我们首先要对自己负责。进入微软后，我面临的第一个挑战是，以一个工程师的立场，对使用邮件发送工作进度报告是否有价值这个问题发表意见。就当时而言，我认为这个问题的答案很明显是否定的，但是事后我很快便意识到自己的观点是错误的，因为在无人告知的前提下，没有人会知道我们所经历的挑战或取得的成功是什么。那么在这种情况下，你自己不主动地去告诉他们，又指望谁去告诉他们呢？我开始经常使用邮件发送简明的工作进度更新，这个习惯能够帮助我更好地管理自己的职业生涯。

一个好的习惯要从现在开始培养。当事情并没有按照你预期的方式向前发展时，那么就是时候要为自己培养一个健康的新习惯了。培养一个健康的习惯将有助于消除在决策过程中产生的意志力损耗。这将帮助你节省大量的精力，并且，你还可以将节省的精力用于帮助自己实现其他目标。当你感觉自己的工作陷入困境时，你需要养成一个能够帮助你保护个人能量和前进动力的习惯。

你想要成为什么样的人？我们的许多行为都取决于自己想要成为什么样的人。当我刚刚开启在微软的职业生涯时，我承认自己当时确实处于一种混乱的状态，没有任何条理可言。在当时的情况下，我会说这是一种我与生俱来的特质，我没有任何选择的余地；我还会说，我坚信自己无法改变这些行为。但是，很快我便意识到，我需要掌控那些自己能够控制的事情，还要不断地提高自己的标准。如果你今天仍然处于混乱的状态，但是希望明天就能够变得更加有条理，那么你首先需要做的就是正确地看待自己的能力。我想要成为一个有条理的人，所以从现在开始，我要让自己有条理地生活和工作。记住，如果你的目标是想要成为某一种人，那么，你就要为自己设置比目标更高的标准。

通过将这些真理付诸实践，我已经能够使自己变得更加优秀。改善习惯需要不断努力和清晰的自我认知。培养日益增长的积极的行为习惯，就好像自己的精力和意志力经过高效燃烧后获得更多的能量。将这些真理付诸实践，不仅能够帮助我实现自己的光辉目标，更能为我的生活与工作源源不断地带来深远的意义和积极的影响。时至今日，我坚信自己拥有无限的潜力。我知道，如果我能够持续不断地为自己增加优质能量，我就可以对周围的环境产生巨大而积极的影响。

小 结

- 通过培养健康的行为习惯增强自己的意志力。
- 为了使你的人生产生积极的改变，你需要建立起激励机制，监督自己始终朝着目标前进，并且借助意志力的力量来帮助你的人生产生积极的改变。

● 选择一个将会帮助你实现自己光辉目标的行为，然后创建一个有针对性的习惯，努力地坚持这个行为习惯 21 天，直至它变成你的自然反应。当你将一种新的、有针对性的行为变成自己的习惯时，一定要庆祝自己所取得的成功。

● 你应该为自己培养一些简单的行为习惯。从现在起，选择做那些自己能够掌控的事情。

第十一章

拥抱未来

　　我拥有如此幸福的生活！当我有需要的时候，会有一大群支持者前来为我提供帮助。我有过无数的机会去实现自己的梦想。我曾经觉得自己总是低人一等。我经常觉得我需要向这个世界证明一些事情，但是，更为重要的是，我能够向自己证明一些事情。今天，只有当这一切都成为现实之后，我才会有兴奋的感觉。我觉得只要拥有冒险精神，就能为自己探索出一个积极向上的、充满无限可能的人生。我知道，将来我会有更多的机会证明自己的韧性，并且，我的人生也将会充满无限的挑战，但是，每一次面对逆境都会让我感到特别兴奋，因为这让我有机会去挖掘自己新的才智和能力。我不再害怕冒险，因为我拥有无限的机会推动自己走向更加辉煌的未来。

　　通过亲身经历，我明白了一个道理。如果想要在自己擅长的运动领域内成为顶尖的运动员，仅仅拥有强壮的身体和坚强的意志力是不够的。虽然这些肯定是我们取得成功的重要组成部分，但是，在当今的社会环境下，除此之外，还需要我们具备大量的商业智慧。

　　参加跑步比赛类似于经营一家小型企业。在全世界范围内代表美国参赛，无论是何种级别的比赛，都将是一种荣誉。成为一名运动员唤醒了我的爱国意识——没有任何事情能够比穿上国家队队服更让我感到荣耀。对于运动员来说，这并不是什么不可告人的秘密，因为只要能够代表自己的国家参加比赛，无论是何种级别的比赛，对任何人而言都将是一个无法用金钱衡量的非常难得的机会。

将体育运动当作事业来经营绝对不适合那些胆小的人。如同经营任何一家企业一样，想要经营自己的体育事业，你首先需要考虑的就是成本回收。对于像我这样的盲人运动员来说，参加比赛的成本是双倍的：除了我自己参加比赛所需要的差旅和食宿费用之外，我还需要承担指导教练的差旅和食宿费用。

当我在新西兰的奥克兰参加比赛时，我赢得了人生中第二枚国际铁人三项运动联盟（ITU）比赛的铜牌，与此同时，我还获得了一项赞助，赞助商愿意帮助我支付参加比赛的全部费用。但是，他们也提出了要求：我必须要登上领奖台，也就是要在比赛中赢得前三名。当时，水温只有11摄氏度，在安琪·巴伦坦（Angie Balentine）——她是一名非常优秀的指导教练和游泳健将——的指导与陪伴下，我准备好开始游泳项目的比赛。我非常担心自己在游泳的过程中会出现恐慌的情绪，但是我知道，即使我真的出现了这种情绪，至少我还有一名非常优秀的帮手在身边。哨声吹响，比赛随即开始。值得高兴的是，我并没有出现恐慌的情绪，但是，我右边的运动员却恐慌起来。她抓住我的腿，然后是我的腰，最后是我的喉咙。

幸运的是，安琪在这种情况下依然能够保持非常冷静的头脑，她向水中的我大声喊道："你做得很好！"在一片嘈杂声之中我听到了她的话，我知道她是对的，我相信自己能够做得更好。我从那个女孩的身体下方钻了出来，撬开她抓着我的手指，让自己从她的双手中逃脱出来。就在这一瞬间，我突然想起，如果我最后的成绩无法进入前三名，赞助商就不会支付我和指导教练在此次新西兰比赛中的所有费用——大约10 000美元。因此，我必须要尽快奋起直追，这将是我接下来比赛的最大动力。

我是倒数第二个完成游泳项目的参赛者，我知道自己必须要在自行车和跑步项目上把时间追回来。值得高兴的是，我们在这个过程中赶超了很多竞争对手，最终以第五名的成绩完成了自行车项目的比赛。接下来，跑步项目中我们超过两名运动员，并最终以第三名的成绩赢得了比赛。我从来都没有如此卖力地比赛过。

对于一名运动员来说，压力是在比赛过程中获得优秀表现的关键。在比赛过程中总是会有一些有关报酬和机会的问题为你带来一定的压力。如果说在比赛过程中，总需要支付各种费用，那么同样，你也有许多机会通过赞助的形式为自己赚取收入，后者可能更类似于绩效奖金的方式。例如，对于像我一样被"能量棒"（PowerBar）赞助的运动员，如果我们在登台领奖的时候，身上穿着标有"能量棒"标志的运动服，那么，我们就会获得一份带有协商性质的现金奖励。这是一种典型的协议。作为一名由残疾人运动员基金会赞助的运动员，我和指导教练的所有比赛费用都是由该基金会承担的。这对我来说才是最为关键的部分，因为有了这笔资助，我才能在降低自己经济负担的同时，有机会参加国际性比赛。为了能够在2016年里约热内卢举办的残奥会上取得优异的成绩，我开始跟随其他有残奥会经验的运动员为参加特里多铁人三项赛做准备。我已经为自己建立起一套独特的铁人三项赛训练系统。并且，我觉得拥有指导教练的好处就是，他能够帮助我不断增加有关比赛方面的专业知识，帮助我培养独自在家也可以进行训练的能力，使我有能力让自己拥有灵活的时间来适应训练和休息。

奥运会和残奥会比赛项目的管理机构的内部结构都非常复杂。大多数人并不知道奥运会是一场完全由私人资助的比赛——联邦政府没有为美国奥运会和残奥会的比赛队伍赞助过一分钱。主要的赞助商包括：麦当劳、24小时健身房和美国联合航空公司。管理这两项赛事的机构是美国奥林匹克委员会（USOC），并且每个比赛项目在该委员会都设有独立的联盟。对于铁人三项赛而言，管理机构是美国铁人三项赛协会（US-AT），其中有一个分支机构专门管理残疾人铁人三项赛的相关事宜。美国奥林匹克委员会与国际残疾人奥林匹克委员会（IPC）和国际铁人三项运动联盟共同管理残疾人铁人三项赛的比赛项目。我所说的这一切都是为了说明，运动员有机会从联邦政府获得资金资助。

美国铁人三项赛协会分管残疾人铁人三项赛的分支机构为残疾人运动员提供了一种基于运动员表现的阶梯式资助资金，这使得残疾人运动员有机会减轻自己由于参加比赛而产生的经济压力。这笔资助资金是以每月生活津贴的形式发放的，金额足够用来支付日常开销、指导教练的费用，以及最为重要的健康保险的费用。如果情况允许的话，该分支机构还将在美国奥林匹克训练中心为残疾人铁人三项赛开设住院医师教学点。在这个项目中，将有专业医师为残疾人运动员提供有关专业知识的教学和辅导，其间的食宿及相关设施也一并提供。在训练中心，你所需要的仅仅是生存与成长，在这里你将释放自己，集中所有的精力，尽自己最大的努力成为一名最优秀的运动员。

虽然在残疾人铁人三项赛中赢得奖金的机会很少。但是却出现了越来越多的获得其他奖金的机会。例如，在纽约市举办的埃森哲残疾人运动员国际锦标赛中，有个奖项是专门为了奖励那些在个人层面成绩进步最大的运动员而设立的。2013 年夏天，在纽约市铁人三项赛上，我打破了自己的基准时间。最终，我赢得了这项大奖，并收到了一张巨大的支票，类似于你在电视上所看到的那样，中乐透的人会获得一张巨大的支票。这时，我的指导教练已经乘飞机离开了纽约，只剩下我一个人携带手杖、自行车整车箱、铁三背包以及这张巨大的支票，穿梭在纽约市的街头。

我带着这些东西一路前往纽约肯尼迪国际机场，而且必须要在规定的登机时间前赶到。比赛以及穿梭于纽约的大街小巷对体力的消耗让我备感疲劳。很明显的是，作为一名盲人，在没有负重的情况下穿梭在纽约的大街小巷就已经非常困难了，更何况我还携带着两套比赛装备和一张巨大的支票。这种情况确实让我变得非常烦躁。

我终于带着这些东西来到了登机口，结果却遇见一个一直与我为敌的运动员。她走到我面前，然后问我是不是感到伤感。

我说："没有，我不伤感。"

"那你准备怎么处理这张巨型支票呢？"

我回答道："当然是把它拿到银行存起来。"

我的这句话让这个女人歇斯底里地大笑起来——我正是她嘲笑的对象。然后，她对我说道："你不用把这张巨大的支票拿到银行去，他们会寄给你一张普通的支票。"我当时根本就不了解这些事情。随后，我便将这张巨型支票留在了纽约肯尼迪国际机场，也许它现在还在那里。我的这位竞争对手将这件事"分享"给了登机口前的所有人，我想，就在那一天，我为很多人带去了欢笑。我知道这件事最终会被这些人所遗忘，但是我宁愿带着这张巨大的支票走进银行，也不希望继续留在这里忍受他们的嘲笑声。

长话短说，作为一名运动员挣钱真的很不容易，尤其是像我这样的业余运动员，能够挣到的钱就更少了。我们中的大多数人一分一角地将钱积攒起来，直至我们有一天能够实现收支平衡或者收入尽可能地填补支出。无论我承担了多少经济上或机会上的损失，但是，与代表美国参加比赛的荣誉感相比，任何损失都是值得的。我曾经去过很多发展中国家，在那里的经历和体验足以让我万分真诚地感谢我的国家所赋予我的自由。我所爱的人曾经为我们的国家奋战并且做出巨大的牺牲。我个人崇敬的英雄梅丽莎·斯托克威尔（Melissa Stockwell）是一名残疾人铁人三项赛运动员，同时还是一名从伊拉克战场退伍回来的老兵。没有任何事情能比作为一名美国人让我更感到自豪了。

2013 年是让我最为心碎的一年。在那一年里我总是在想，为什么我要把目标定得这么高，我是否能够实现这些目标。

我曾经拥有一位非常优秀的指导教练，凯瑞·斯皮林（Kerry Spearing）。我们曾经努力地训练，并曾在世界锦标赛运动员积分中排名第一。游泳一直都是最让我感到困扰的比赛项目，所以，在 2013 年，我花了无数个小时集中全部精力专注于提高自己的游泳水平。那是我在伦敦的第 13 个星期五——我以前不是一个迷信的人，但自那之后，我开始变得迷信起来。当时，我们正在前往参加双人自行车比赛的路上，我们看到自行车道上有施工建筑，便决定放弃穿越这个施工建筑，转而选择通过穿越另外一块草地到达起点线。这个决定大错特错！我们踏上草地时便摔倒在地，可怜的凯瑞因此而挫伤了肩膀（事实上，直至 5 周之后，我们才发现她挫伤了肩膀）。当我们在比赛起点设置好自行车并准备好开始比赛时，我才意识到自己当时穿错了比赛泳衣，所以凯瑞不得不跑回去帮我再重新将正确的拿来。我们那时就开始变得慌张起来，这妨碍了我们在心理上的调适。犯了这种新手才会犯的错误，让我感到非常糟糕和不安。但是，我们还是鼓起勇气开始了这场比赛，并且我们仍然充满信心地相信自己能够赢得这场比赛。

2011 年，我是游泳项目中的最后一名。2012 年，我进步了一点点，这次是倒数第 2 名。然而，2013 年，我成为游泳项目中的第 2 名，这意味着我们在游泳这个项目上获得了重大进步。我们快速从游泳项目过渡到自行车项目，我们是第一个冲出比赛转换区的，并且，成为当时自行车项目的领先者。最让我感到自豪的是，我们之间的合作如此顺畅和天衣无缝。对于双人自行车这个项目来说，两位骑手必须保持几乎一致的力度和节奏。人们总是认为，双人自行车项目是我的一大优势。我不会总是这样认为，但是在我的脑海中却一直反复出现那个老笑话，双人自行车是"离婚的制造者"。如果有两人能够保持适当的力度和精确的同步性，那真的是非常难得。

凯瑞和我一起进步，一起学习——我们显然就是一个团队。比赛当天，蒙蒙细雨很快就将地面上的鹅卵石打湿了，而我们比赛的道路正是由这些鹅卵石组成的。当我们骑上自行车时，仅仅领先离我们最近的竞争者 3 英里而已。但是，凯瑞和我都非常擅长跑步，所以我坚信等到我们放下自行车开始跑步的那一刻，我们就已经赢得了冠军。我知道，此时我的家人正怀揣着一颗激动的心在线观看我的比赛，我的同事们同样也在时刻关注着我的比赛动向，这让我备受鼓舞。这时，我已经开始想象当我凯旋的时候他们将会如何迎接我——那是为冠军而准备的欢迎仪式。

很显然，这时的我已经变得过于自信。

果然，在自行车项目中，我们出现了在我整个运动生涯中的第一次也是唯一的一次爆胎。就在那一瞬间，2013 年世界锦标赛从我人生中最完美的比赛变成了最糟糕的比赛。想象中英雄般的凯旋变成了现实中发自内心的悲伤，每一个人都看到了我人生中最低谷和最令人失望的时刻。我这么多年以来的训练就是为了取得世界锦标赛的冠军，但是我的希望却因为一枚鹅卵石刺穿了车胎而落空了。

在那一刻，当我们绞尽脑汁希望想出一些解决方法时，我才意识到自己就是那个曾经告诉成百上千位观众要优雅地失败的人。我知道就在那一瞬间，最令我心痛的是，我与冠军失之交臂了，然而，这反而给了我一个机会去实践那些我所宣讲的真理。这个失败是由在我控制之外的事情所引发的。我们所追求的一切都蕴含着一定的风险，而伴随着高风险而来的如果不是高回报，那就一定是巨大的失败。

凯瑞曾获得过冠军，而且，她是一个脚踏实地并且在磨难面前能够保持冷静的人。与她一起参加比赛让我想要表现出最好的自己。我打电话给珍妮特姨妈，因为我不知道自己在这种情况下应该做些什么，我觉得自己正在被发自内心的沮丧渐渐击垮。她一如既往地给我提出建议："几小时以前，你是一名世界锦标赛的运动员，但是现在你应该把自己当作获得奥斯卡奖的影后，站起来去赢得属于你的胜利！"她的意思是，我应该尽可能地拿出最大的诚意去参加赛后活动和颁奖典礼。但沮丧的情绪让我拿不出过多的诚意，想要假装有诚意就真的要向奥斯卡奖的影后学习了。你无法控制自己的感觉，但是你可以控制自己的行为。

我接受了姨妈的建议，并把这当作对我个人的一个挑战，我要努力地向他人勾画出一幅我拥有优雅大方的风度和良好的竞技精神的画面。同时，这也有可能让我深陷于两种极端的情况之间，一面是我真实的自己，另一面是我想要向世界展示的自己。

在令人沮丧的 2013 年世界锦标赛过后，我对胜利充满着新的渴望。我知道，对于爆胎这件事情，是无法通过提前准备和练习可以避免的。也就是说，我仍然相信自己在比赛中拥有优势。回到家中，更加苛刻的比赛计划让我感到非常痛苦。我已经承担了很大的伤痛和疲劳，但是人们仍旧在不停地告诉我，我还可以付出更多，做得更好。事实上，我同样相信自己可以表现得更好，但是我却不知道该怎么做才能激发出内心最深处的潜力。为此，我开始去访问一些教练，有的住在奥斯汀，有的住在其他城市，我甚至还访问了一些远在加拿大的教练。

我爱奥斯汀，除了这里，我的人生中从未出现过其他任何地方能够给我家的感觉，但是我知道如果我未来的教练——那个我认为将会给予我最大帮助的人——并不住在奥斯汀的话，那么我就必须要搬离这里去教练所在的城市。我觉得自己已经在比赛上投入了太多的时间和精力，而与我曾经的付出相比，选择新的住所、付出更多的金钱都是可以接受的。作为一名运动员，你有责任为自己选择适合的装备或工具来帮助自己取得比赛的胜利，我不会穿着一双不合适的鞋参加比赛。所以，如果没有找到一位最好的指导教练，我又怎么可能展开训练呢？

对我来说，这个国家最好的教练碰巧就生活在奥斯汀！我曾经与娜塔莎见过面，但我当时认为她的游泳方式并不适合我，后来，我发现其实是当时的错误信息误导了我。我欣赏她拥有自己的核心价值观——"上帝、家庭、丈夫和铁人三项赛"，这被放在她的个人网站上，所有人都可以看到。关于我对娜塔莎的一切认识似乎都是正确的，并且我确信她就是我所缺少并一直在努力寻找的那个人，一旦我找到了她，就可以深入地挖掘出自己更多的内在潜力。不出所料，她将一些系统的体系引入到我的训练计划中，包括增加更多的睡眠和严格限制我的饮食时间。我开始越来越享受训练中的每一天，并且在所有的训练项目上，我都取得了惊人的进步。

在令我心碎的 2013 年过后，我认真地考虑过是否应该放弃运动生涯。训练是一项非常繁重的工作，我感觉自己已经为此做出了太多的牺牲。为了能够继续走下去，我不断地提醒自己，事情都已经发展到了今天的程度，那些否定我的人都被我所取得的成绩所震惊。我提醒自己，这么多年以来，作为一名马拉松运动员，我让许多身体健全的运动员认识到，原来盲人也可以成为一名优秀的运动员。如果我能够用这些经验去帮助残疾人或其他人，让他们得以充分发挥自己的潜力，那么我现在所做的一切努力都将是值得的。

人们经常告诉我，我还可以做得更好，但是我觉得，我似乎已经达到了自己的极限。很显然，增加训练和保持自律都不能帮助我再进一步。

这个问题的最终解决方法就是学会更加聪明地训练，娜塔莎教会了我应该如何聪明地训练。

即使你所面临的挑战并不在体育领域，我觉得自己这一路走来所积攒的经验教训也适合你。我觉得与别人分享这些方法是我的责任，尤其是与那些面对自己人生中的挑战而不断挣扎的人分享。我鼓励你们所有人去建立自己的核心价值观、培养自己的信念。我相信，当你拥有积极向上的人生时会十分兴奋。

带着自己的信念去迎接挑战，就好比在顺流的河水中游泳，省时又省力，反之就宛如逆流而上一般，消耗精力的同时还收效甚微。与此同时，心怀信念地迎接挑战将会使你的人生变得更加简单和轻松。

我打算用未来几年的时间来实践我所提倡的真理。正如大家所知道的那样，我已经向自己证明了，消极堕落的人生是没有底线的——在这种情况下，事情总是会变得更加糟糕，甚至可以糟糕到你无法想象的地步。但是，如果说事情会越变越糟的话，那么事情也可以变得越来越好。我的人生经历就可以向所有人证明，积极向上的人生是没有上限的。

曾经的我孤军奋战，现在的我拥有很多支持者。我知道，我所经历的每一件事、每一个考验和磨难都会让我变得更加强大。我知道，每当我需要帮助的时候，一定会有人来帮助我，当然，只有在万不得已的情况下我才会寻求帮助。站在我的角度来看，前方的道路无疑会充满惊喜，而未来一定是无限光明的。

2002 年，当我跑完人生中第一个一英里时，我不知道未来将会发生什么，我只知道自那时起我就无法停止跑步。随着我的步伐不断加快，每向前迈进一步，我就拥有更大的机会去获得更加美好的人生。在这个过程中，首先，我变得不再胆小，我摒弃了习得性无助这个缺点。然后，我变得更加健康。一旦拥有了健康的身体，我在运动领域所取得成功就会越来越多。在我取得了一些成功后，我十分享受由此带来的自尊心的提升和想要取得更大成功的欲望。自尊心的提升激励我迎接越来越多的挑战。持续不断地打造积极向上的人生轨迹让我拥有了做梦都无法想到的人生。这让我比曾经梦想中的自己更加开心、更加满足。即使当我发现自己的韧性正经受着来自工作上的持续挑战时，即使当我发现自己已经陷入不可避免的低谷时，我的人生仍然比曾经所希望的更加精彩。当我失去了自己的公寓并面临着父亲健康状况恶化的情况时，我的人生却充满了关心、机遇和祝福。在任何情况下我都会选择相信自己，而这一信念能够帮助我克服一切艰难险阻、勇往直前。我希望你能够努力地培养自己的自我意识。从今天开始，将尽全力取得成功看作你的一项责任。

我期待着代表我的国家参加 2016 年在里约热内卢举办的残奥会，如果可能的话，我希望为我的国家、我的家人、我的教练，以及这一路走来一直支持着我的所有人赢得一枚金牌。我将会邀请那些曾经否定我的人一起庆祝，因为如果没有他们的悲观评价，我可能不会这么努力地鼓励自己取得最终的胜利。

我将自己的燃料目标当作工具、技术和支持者，在它的驱动下我才有可能完成日常任务。在接下来的日子里，我的火焰目标将是获得代表美国参加下一届国际比赛的机会。而我的光辉目标则是让我的国家和家人为我感到自豪。我的另外一个光辉目标是，成为一名榜样，以自身为例告诉人们哪些事情是可以通过努力实现的，这可以帮助人们从中获得启发，并让他们的生活充满无限可能。在燃料目标、火焰目标和光辉目标的帮助下，我超越了自己对于人生的最原始的梦想，我现在拥有着过去连做梦都不敢想象的人生。我希望能够帮助其他人释放出自己最大的潜力，从而能够像我一样依靠自己无与伦比的能力获得精彩的人生。

我希望你可以从自己的光辉目标中感受到一股新的力量。我再强调一下，无论是在感情上还是在真实的情况下，对你来说唯一重要的是，你为自己设定的目标必须是对你而言最为重要的目标。当你在为成功做准备时，要善于利用那些出现在你身边的（唾手可得）的一切动力（它可能是一种工具、一个方法、一个人，也可能是一件事情）。

现在，我最大的心愿是帮助每个人，使他们能够克服自己的自我怀疑，让否定你们的人闭上嘴巴。我希望你们每一个人都能够逼自己更努力一些，试图让自己保持在一个总是想要"撞墙"的状态。我希望你们每一个人都能够因此而激发出自己的全部潜能。在这个过程中，让自己体会到从来都没有感受过的兴奋。并且，从今天开始，就要开启自己的积极向上的人生。我祈祷你们每一个人在未来的每一天都会以全新的姿态为了梦想而努力，并且能从中不断地受到鼓舞，持续不断地实现自己的最终目标。

注 释

第二章

[1] Ad Kleingeld, Heleen van Mierlo, and Lidia Arends, "The Effect of Goal Setting on Group Performance: A Meta-Analysis," Journal of Applied Psychology 96, no. 6 (2011), pp. 1289–1304, cited in Sebastian Bailey, "The Truth About Goals," Forbes, October 2, 2012; http://www.forbes.com/sites/sebastianbailey/2012/10/02/the-truth-about-goals/.

[2] Gail Matthews, "Study Backs Up Strategies for Achieving Goals," News Room, Dominican University of California; http://www.dominican.edu/dominicannews/study-backs-up-strategies-for-achieving-goals.

[3] Jim Collins and Jerry Porras, Built to Last: Successful Habits of Visionary Companies (New York: HarperBusiness, 1994).

[4] W. Erickson, C. Lee, and S. von Schrader, Disability Statistics from the 2012 American Community Survey (ACS) (Ithaca, NY: Cornell University Employment and Disability Institute, 2014), cited in National Foundation of the Blind, "Blindness Statistics"; https://nfb.org/blindness-statistics.

第三章

[1] Abigail Flesch Connors, Teaching Creativity: Supporting, Valuing, and Inspiring Young Children's Creative Thinking (Pittsburgh: Whitmore Publishing, 2010) p. xii

[2] "Highest High Jump (Female)," Guinness World Records; http://www.guinnessworldrecords.com/records-11000/highest-high-jump-(female)/.

[3] U.S. Bureau of Labor Statistics, Business Employment Dynamics, summarized in U.S. Small Business administration, Office of Advocacy, "Do Economic or Industry Factors Affect Business Survival?," Small Business Facts, June 2012, cited in Resources for Entrepreneurs; http://www.gaebler.com/Small-Business-Failure-Rates.htm.

第四章

[1] Angela Duckworth, "Research Statement," The Duckworth Lab, University of Pennsylvania; https://sites.sas.upenn.edu/duckworth/pages/research.

[2] Angela Duckworth, "The Key to Success? Grit," TED Talks, May 2013; http://www.ted.com/talks/angela_lee_duckworth_the_key_to_success_grit/transcript.

[3] Hazel Symonette, "Make Assessment Work for You and Your Student Success Vision: It Works if You Work It!," 2013 Institute on Integrative Learning and the Departments, Association of American Colleges and Universities, July 10–14. 2013; https://www.aacu.org/meetings/ild/documents/Symonette.MakeAssessmentWork.Dweck.pdf.

[4] Margaret Perlis, "5 Characteristics of Grit—How Many Do You Have?," Forbes, October 19, 2013; http://www.forbes.com/sites/margaretperlis/2013/10/29/5-characteristics-of-grit-what-it-is-why-you-need-it-and-do-you-have-it/.

第五章

[1] "Too Many Interruptions at Work?," Gallup Business Journal, June 8, 2006; http://businessjournal.gallup.com/content/23146/too-many-interruptions-work.aspx.

[2] Sarah Green, "The Myth of Monotasking," Harvard Business Review, November 23, 2011; http://blogs.hbr.org/2011/11/the-myth-of-monotasking/.

[3] David Woodward, "Research Claims Social Media Costs Millions in Lost Productivity," Director, 2014; http://www.director.co.uk/ONLINE/2011/05_11_social_media_productivity.html.

[4] "I Can't Get My Work Done! How Collaboration and Social Tools Drain Productivity," harmon.ie, May 18, 2011, p. 2; http://harmon.ie/Downloads/DistractionSurveyResults.

[5] Cheryl Conner, "Employees Really Do Waste Time at Work," Forbes, November 15, 2012; http://www.forbes.com/sites/cherylsnappconner/2012/11/15/employees-really-do-waste-time-at-work-part-ii/.

[6] Anne Fisher, "The Three Biggest Workplace Distractions," Fortune, June 12, 2013; http://fortune.com/2013/06/12/the-three-biggest-workplace-distractions/.

[7] Issie Lapowsky, "Don't Multitask: Your Brain Will Thank You," Inc., April 8, 2013; http://www.inc.com/magazine/201304/issie-lapowsky/get-more-done-dont-multitask.html

第六章

[1] Albert Ellis, How to Make Yourself Happy and Remarkably Less Disturbable (Atascadero: Impact Publishers, 1999) p. 8.

[2] Brandon Gaille, "17 Lazy Procrastination Statistics," BrandonGaille. com, December 13, 2013; http://brandongaille.com/17-lazy-procrastination-statistics/.

[3] Amy Spencer, "The Science Behind Procrastination," Real Simple; http://www.realsimple.com/work-life/life-strategies/time-management/procrastination-00000000055281/.

第七章

[1] Sasha Galbraith, "Bayer CropScience's Sandra Peterson: Successful Woman CEO Navigates in a Man's World," Forbes, December 7, 2011; http://www.forbes.com/sites/sashagalbraith/2011/12/07/bayer-cropsciences-sandra-peterson-successful-ceo-navigates-in-a-mans-world/.

[2] Peter Sims, Little Bets: How Breakthrough Ideas Emerge from Small Discoveries (New York: Simon & Schuster, 2011), p. 53.

第八章

[1] Tony Hsieh, "How Zappos Infuses Culture Using Core Values," HBR Blog Network, May 24, 2010; http://blogs.hbr.org/2010/05/how-zappos-infuses-culture-using-core-values/.

[2] Delivering Happiness; http://deliveringhappiness.com/work/.

[3] Great Place to Work Institute, "What Are the Benefits?"; http://www.greatplacetowork.com/our-approach/what-are-the-benefits-great-workplaces.

第九章

[1] "Business Resilience—Anticipation as the Key to Sustainable Business Success," European Foundation for the Improvement of Living and Working Conditions, Noordwijk, the Netherlands, June 2–3, 2004; http://www.eurofound.europa.eu/emcc/content/source/eu04021a.htm?p1=reports&p2=null.

[2] "Business Resilience: The Best Defense Is a Good Offense," IBM Business Continuity and Resiliency Services, January 2009; http://www.ibm.com/smarterplanet/global/files/us__en_us__security_resiliency__buw03008usen.pdf.

[3] DiscoveryHealth.com, "10 Ways to Build Resilience," HowStuffWorks; http://health.howstuffworks.com/mental-health/coping/ten-ways-to-build-resilience.htm#page=0.

第十章

[1] "What You Need to Know About Willpower: The Psychological Science of Self-Control," American Psychological Association, p. 6; http://www.apa.org/helpcenter/willpower.aspx, accessed April 7, 2014.

[2] Ibid.

[3] Ibid., p. 7.

致　谢

感谢 Peter Economy，在这本书的创作过程中，他是我的最佳合作伙伴，并且在本书的出版过程中，他也给予我很多专业上的建议与指导。有了他的帮助，我才能实现这个梦想，我将永远感激 Peter 的辛勤工作以及他对"成功"的洞察力带给我的帮助。他对我们共同的梦想——出版这本书——充满着无限激情。

感谢 John Gardner，为我树立了一个富有才能的残疾人的榜样。他相信自己可以使世界变得更美好的信仰，鼓舞着我不断提高自己，并努力成为一位倡导并推动积极变化产生的人。感谢 John 看到了我的某些闪光点，让我有机会参加"走进科学项目"和"强力视觉技术"的开发。

感谢所有曾经给予过我帮助的教授们，他们任职于俄勒冈州立大学的电子工程专业、计算机与科学专业及数学项目组。这些教授为我付出了很多努力，才使我能够完成电子工程学院的高难度课程，非常感谢他们利用自己的工作时间和业余时间为我进行功课辅导。同时，也要感谢他们相信我拥有能够不受任何约束地通往成功之路的能力。

感谢微软的领导们，Steven Sinofsky、William Kennedy、Brian Utter 和 Skip Backus。有机会在微软取得成功，这给了我一个平台向自己和其他人证明，一个盲人只要下定决心，也可以做出有意义的贡献。我希望将我在微软获得的经验传播到全世界，不仅仅是因为一个盲人可以做出有意义的贡献，而且因为任何人都可以通过学习这些经验来实现他们的最高目标。没有任何事情可以阻挡我们实现自己的目标。感谢你们选择我、相信我、培养我，让我职业生涯的初期能够如此成功。

感谢默泽多的领导们，Felipe Fernandez、Teri Harwood、Randy Lund 和 Emmert Ott，感谢他们相信我的能力，肯定我的信仰——我坚信一个机构可以将世界变得更加美好，并且，最重要的是，当我面临人生中最重大的双重灾难时（因为火灾而变得无家可归的同时，由于父亲的身体健康每况愈下，我还要承受随时都有可能失去父亲的担忧），感谢他们给予我的支持。我将永远深深地感激那些在我需要帮助的时候，站出来帮助我的默泽多的同事们。

特别感谢残疾人运动员基金会（Challenged Athletes Foundation）为我提供了参加比赛的机会。如果没有基金会的帮助和支持，我不可能有机会参加世界级的训练和比赛。同样，也感谢耐克、璐迪（Rudy Project）、能量棒、济科（Zico）、道奇（Dodge）、埃森塔（Ascenta）、伊布斯特（EBOOST）、特锐道特（TriDot）、杰克和亚当自行车（Jack and Adam's Bicycles）、麦迪队鞋（Teammac）和纯奥斯丁健身（Pure Austin Fitness）为我提供的源源不断的赞助。正是因为有了它们的支持，我才能够在铁人三项的比赛中超越自我。

感谢 Natasha Van Der Merwe 以身作则地鼓励我不断前行，并且相信我有能力取得成功。因为 Natasha 工作十分努力，所以我也跟随着她一起努力地工作。感谢 Lilian Rincon 投身到她热爱的行业中，并且通过她的实际行动让我了解到承担风险的价值和勇敢的重要性，这两种品质的重要性将会在职业生涯发展的过程中显现出来。通过这个向她学习的机会，我提高了自信心和自我宣传的能力，并且她还让我相信自己也可以成为一名优秀的行业领导者。

感谢我最亲密的朋友 Glen John，他是我的"传声筒"和知己。感谢 Sandy Reifers 和 Shelly Barry，在我生命中最黑暗的时刻陪伴着我，并在我生命中最光明的时刻给予我最大的支持。

感谢我的妹妹 Caitlin Richardson，唯有她为我带来了最大的快乐。她已经成长为一位才华横溢并且拥有忠贞个性的人，这让我感到无比自豪。感谢 Janet 和 David Munson 为我提供无条件的支持。感谢我的堂兄 Andrew Walsh，他为我树立了一个好榜样，教我如何同时拥有蓬勃发展的事业和幸福美满的家庭。感谢他们这么多年以来对我的支持。他们绝对有理由受到我的尊敬。感谢我所有的家人和亲戚。对于他们这么多年以来的支持，我心怀无限的感激。我感觉只要我身边充满着真正善良的人、充满爱心的人和真诚的人送给我的祝福，那么，我将永远不会质疑自己是多么幸运，能够有幸拥有如此强大的家族在背后给予我的无限支持。

最后，很重要的一点是，感谢 John Walsh 养育我，并让我时刻保持在一个较高的标准上。我明白当自己的孩子需要特殊对待的时候，没有人知道具体要怎么办。John 作为一个父亲做过的最为强大的事情，就是让我坚持以健全的同龄孩子的标准来要求自己。我一直非常感激他将我培养成为一位独立、足智多谋的，并且在生活中不会为自己寻找借口的人。

关于作者

    帕特里夏·沃尔什，被诊断患有小儿脑瘤，在 5 岁那年丧失部分视力。在她青少年时期，因为手术并发症，她失去了自己仅剩的一点视力，并因此在沮丧和绝望中不断挣扎着。时至今日，沃尔什不仅是残疾人铁人三项赛的世界冠军，同时还是一名屡获殊荣的工程师。她已参加了十多次马拉松和超级马拉松赛，参加并完成两次铁人三项赛。2011 年，她以超过当时纪录 50 分钟的成绩，打破了低视力/盲人男女运动员铁人三项赛的世界纪录。

    帕特里夏·沃尔什本科毕业于俄勒冈州立大学，获得电子工程学士学位和计算机与科学学士学位，研究生毕业于西雅图大学，获得非营利执行领导专业的硕士学位。她是第一位在微软工作的盲人工程师。在 2011—2013 年，她连续三年获得了残疾人铁人三项赛的全国总冠军；是 2012 年和 2014 年 PATCO 铁人三项赛的泛美总冠军；在 2011 和 2012 年世界铁人三项锦标赛上分别获得过铜牌。她是美国残疾人铁人三项赛国家队成员，并渴望代表美国参加 2016 年在巴西里约热内卢举办的残奥会。

　　帕特里夏·沃尔什是 Blind Ambition 有限责任公司的创始人兼管理者，主营业务包括演讲和商务咨询，擅长有关目标达成的主题演讲，并开设专题演讲，专题演讲的题目主要涉及以下几个方面：目标达成、克服障碍、领导力、建立成功的心态以及团队建设。

　　帕特里夏·沃尔什生活在得克萨斯州的奥斯汀市。

　　浏览她的网页请点击 www.blindambitionspeaking.com，并请关注她的 Twitter：@BlindAmbitionSp。

编后记

　　《内心强大是一种怎样的体验》是一本励志书，但不同于一般的励志书，本书的作者是一位盲人，也许这正是打动我们的地方。与大多数人的亲身经历一样，作者在困难面前也曾经有过彷徨与退缩，这也许可以引起读者的共鸣。而由于盲人的身份，她显然要面对比正常人更多的困难。处在人生的低谷时，她曾自暴自弃，认为自己注定一事无成。然而，一件小事却成为转折点——作者开始在自家门前的小路上跑步。跑步，对一个正常人来说，这几乎可以算是最简单的运动，然而，对于作者来说，这却并不简单，甚至要面对找不到回家的路这种大问题。但这一次，她没有放弃，而是选择了坚持。从此以后，她找到了自己人生的方向，找到了体现自我价值的方式；从此以后，无论是生活中还是工作中，再没有什么困难是她无法克服的。经过艰辛的努力，作者取得了电子工程专业、计算机与科学专业的学位，成功地进入了微软工作，还在铁人三项赛中取得了优异的成绩。即便是对于正常人来说，取得这些成就也是值得骄傲的。那么是什么帮助这个曾经的盲女孩儿成为今天的成功者？难道她的成功是偶然的？我们可以从她的经历中得到些怎样的启发呢？

纵览全书，有很多内容让我受益匪浅。在有关极限的那一章中，作者将极限分为了两类：一种是我们感知到的极限，另一种是真正存在的极限。通常情况下，在做某件事之前，我们会在心中默默地衡量自己实现目标的可能性，我们会感到有些事是自己无法做到的，这就是我们的感知极限。它打击着我们的自信心，让我们在开始尝试之前就打起了退堂鼓。即便最终我们鼓起勇气尝试着完成这件事，感知极限也始终像是一条无形的、无法逾越的"线"，限制着我们的发挥。最坏的情况下，它会导致失败，而我们则会安慰自己——这目标原本就是无法实现的，因为它超越了极限。作者鼓励我们打破这条不存在的"线"，超越"旧我"，实现目标。我们要相信自己有能力打破感知极限，因为可以被感知到的根本就不是真正的极限。一旦你在生活中一次次地突破了感知极限，一次次地实现了原本认为自己无法完成的目标，你就能发现一个不一样的自我，一个可以实现一切梦想的自我，一个"新我"。

在第八章中，作者谈到了自己的核心价值。我认为，每个人都应该像作者这样审视自己的核心价值，找到自己的优秀品质，并将之发扬光大。在当下这种快节奏的生活中，人人都在努力地奋斗着，每天一刻不停地向前奔忙，却很少有人能够停下脚步，重新审视自我，检查一下是否已经偏离了最初的目标，或者是否已经在奔忙的过程中迷失了原本的自我。找不到自己的核心价值无疑会阻碍我们实现最初的目标。然而，有些人却不以为然，他们放弃自己的核心价值，变得急功近利，也许这可以帮助他们快速地得到眼前的利益，但却会让他们失去更为长久的、更为高尚的价值。这样的结果并不是我们希望看到的。坚守自己的核心价值与品质正是走向成功的重要方式，只有这样，我们才不至于迷失在快节奏的生活与工作中，到头来一无所得。

　　本书给了我很多启发，以上谈到的只是其中的一部分，希望读者也可以通过阅读本书找到实现目标的最佳途径。

　　　　　　　　　　　　　　　　　　　　　　　　　　崔　毅

财智精品阅读

01《经济运行的逻辑》（精装）

作者：高善文

资本市场最具影响力的宏观经济学家研究思路大起底，中国经济的另类分析框架。

02《互联网金融手册》（精装）

作者：谢平 邹传伟 刘海二

中国互联网金融理论奠基人最新力作，互联网金融理论和实践集大成之作，互联网金融浪潮下不得不读之书。

03《中国影子银行监管研究》（精装）

作者：阎庆民 李建华

银监会副主席阎庆民最新力作，对"影子银行"问题最权威的研究之一，了解中国影子银行问题不得不读。

04《经济指标解读》（珍藏版）

作者：伯纳德·鲍莫尔

投资者和职业经理人读懂经济数据必备，洞悉未来经济趋势和投资机会，对每一个经济指标的解读精妙、透彻。

05《如果巴西下雨，就买星巴克股票》

作者：彼得·纳瓦罗

读懂财经新闻、把握股市逻辑的最佳读物，投资大师吉姆·罗杰斯倾力推荐。

06《最有效的投资》

作者：阿兰·赫尔

畅销多年的投资经典，简单有效的低风险投资技巧，每周一小时，战胜专业投资者。

07《读懂经济指标 洞悉投资机会》

作者：埃维莉娜·M·泰纳

价值极高的投资和商业决策参考书，理解经济运行必备。

08《股市奇才不一样的技术分析》

作者：沃尔特·迪默

华尔街股市奇才半个世纪市场智慧的高度浓缩。

09《金融创新力》

作者：富兰克林·艾伦 格伦·雅戈

沃顿商学院顶级专家作品，理解和运用金融创新的精髓。

10《笑傲股市之成功故事》

作者：艾米·史密斯

讲述真实案例，帮助中小投资者学会实践投资宗师威廉·欧奈尔 50 年投资心得。

商界精品阅读

01 《毁灭优秀公司的七宗罪》

作者：杰格迪什·N·谢斯

探寻优秀公司衰落的七大败因，菲利普·科特勒等管理大师鼎力推荐。

02 《反向思考战胜经济周期》

作者：彼得·纳瓦罗

第一本专注于经济周期战略和策略管理的指导书，加州大学最受欢迎的MBA教授用商战故事讲述不一样的商业思维。

新声精品阅读

01 《4G革命》

作者：斯科特·斯奈德

一场比互联网影响可能更大的无线技术革命已经来临，提供最具价值的4G时代商业建议。

02 《页岩革命：新能源亿万富豪背后的惊人故事》

作者：格雷戈里·祖克曼

《福布斯》年度好书，从美国页岩亿万富豪创业史透视一场深刻的新能源革命。

重磅新书

供应链金融

宋 华 著

中国人民大学商学院教授最新力作，互联网＋浪潮中实体经济与金融如何结合的深度阐释！集实践性、理论性、思想性、创新性为一体。

冯国经、余永定、丁俊发等众多专家一致推荐！

超级天使投资：捕捉未来商业机会的行动指南

［美］戴维·罗斯 著　桂曙光 尚孟生 译

硅谷创投元老作品

全面揭示挖掘未来明星企业九大方法，以及从种子轮到 ABC 轮的必做功课。

创业融资和股权投资必读！

徐小平、蔡文胜、里德·霍夫曼等投资大咖联合推荐！

首席内容官：解密英特尔全球内容营销

［美］帕姆·狄勒 著　孙庆磊 译

如何制定跨界的内容营销战略？如何创作有效的内容吸引顾客？如何发现被忽视的受众连接点？《首席内容官》给予全方位解读。

众包与威客

黄国华　王 强 编著

本书荣获和讯财经年度最具互联网思维大奖。

如何运用威客网站接到订单？如何与客户建立融洽关系？如何实现品牌经营？……

在大众创新、万众创业的大潮中，帮助心怀创业梦想的人真正实现智慧的价值。

图书在版编目（CIP）数据

内心强大是一种怎样的体验／（美）沃尔什（Walsh，P.）著；杨阳译．—北京：
中国人民大学出版社，2016.2
　　书名原文：Blind Ambition
　　ISBN 978-7-300-22136-6

Ⅰ.①内…　Ⅱ.①沃…②杨…　Ⅲ.①成功心理-通俗读物　Ⅳ.①B848.4-49

中国版本图书馆 CIP 数据核字（2015）第 281993 号

内心强大是一种怎样的体验

〔美〕帕特里夏·沃尔什　著

杨阳　译

Neixin Qiangda shi Yizhong Zenyang de Tiyan

出版发行	中国人民大学出版社			
社　址	北京中关村大街 31 号		**邮政编码**	100080
电　话	010 - 62511242（总编室）		010 - 62511770（质管部）	
	010 - 82501766（邮购部）		010 - 62514148（门市部）	
	010 - 62515195（发行公司）		010 - 62515275（盗版举报）	
网　址	http://www.crup.com.cn			
	http://www.ttrnet.com（人大教研网）			
经　销	新华书店			
印　刷	北京中印联印务有限公司			
规　格	170 mm×230 mm　16 开本		**版　次**	2016 年 2 月第 1 版
印　张	16.25		**印　次**	2016 年 2 月第 1 次印刷
字　数	175 000		**定　价**	45.00 元